Sahar Hassan
Eman Zaghloul
Aida Shobier

# Perigo ambiental dos microplásticos: Impacto Toxicológico e Mitigação

Sahar Hassan
Eman Zaghloul
Aida Shobier

# Perigo ambiental dos microplásticos: Impacto Toxicológico e Mitigação

ScienciaScripts

**Imprint**



Cover image: www.ingimage.com

This book is a translation from the original published under ISBN 978-620-8-11944-7.

Publisher:
Sciencia Scripts
is a trademark of
Dodo Books Indian Ocean Ltd. and OmniScriptum S.R.L publishing group

120 High Road, East Finchley, London, N2 9ED, United Kingdom
Str. Armeneasca 28/1, office 1, Chisinau MD-2012, Republic of Moldova, Europe
Printed at: see last page
**ISBN: 978-620-8-22091-4**

## Conteúdo

## INTRODUÇÃO

A contaminação por microplásticos está a tornar-se uma das principais preocupações para a saúde humana devido à mais recente deteção de MPs nos ecossistemas mais avançados. A influência da contaminação por plásticos tornou-se uma preocupação preocupante. Entre os 369 milhões de toneladas de resíduos plásticos produzidos anualmente, cerca de 11 milhões de toneladas métricas vão para o ecossistema aquático (UNCTAD, 2022; PNUA, 2022). Se não forem tomadas medidas para travar este ritmo, prevê-se que este número triplique até 2040 (The Pew Charitable Trust e Systemiq, 2020). A situação é muito perigosa, uma vez que as actuais concentrações destes resíduos causam a destruição dos ecossistemas terrestres e marinhos, prejudicando a saúde humana, para além da teia alimentar. Como as substâncias plásticas nunca desaparecem completamente, mas apenas se fragmentam em pequenas partículas designadas por microplásticos (MPs). Essas minúsculas partículas medem menos de 5 mm de comprimento.

A palavra "microplásticos" foi designada pela primeira vez há 19 anos por Thompson et al. (2004), que investigaram a poluição do plástico oceânico no Reino Unido. Posteriormente, os MPs têm atraído a atenção dos governos, organizações não governamentais, comunidade científica e outros. Uma vez que os plásticos são substâncias relativamente novas que começaram a ser utilizadas na segunda metade do século passado (Gundogdu e Cevik 2017), a sua utilização e produção extremas em várias indústrias e produtos conduziram a um risco substancial para o ecossistema (Qasim et al. 2020). A poluição com MPs também tem um impacto negativo nas economias das nações, uma vez que os custos da contaminação por plásticos estão avaliados em 2,2 biliões de dólares, incluindo 25 biliões de dólares em poluição terrestre, 695 biliões de dólares em emissões de gases com efeito de estufa (GEE) e 1,5 biliões de dólares em danos nos oceanos (SMEP, 2022).

Verificou-se que os microplásticos têm efeitos negativos notáveis no ecossistema e na saúde humana. Os MPs causam diferentes influências negativas nos organismos marinhos, incluindo invertebrados, lankton, peixes e zooplâncton, desencadeando uma série de consequências prejudiciais (Palmer e Herat, 2021). A ingestão de MPs pela biota aquática foi demonstrada em experiências laboratoriais e no ambiente. O tempo de permanência dos MP no intestino depende do tamanho, da forma e da espécie (Botterell et al., 2020, Abdel Ghani et al., 2024). Os principais impactos incluem a toxicidade química, a reprodução prejudicada, a ingestão, a bioacumulação, as perturbações do comportamento e da fisiologia, a biomagnificação, bem como os impactos ecológicos (Abdel Ghani et al., 2024). Entre os principais impactos dos MPs na saúde humana contam-se: neurotoxicidade, imunossupressão, tumores malignos e stress oxidativo. As doenças acima mencionadas podem, em última análise, causar a mortalidade dos peixes, perturbando consequentemente a morte humana ou o rendimento nacional (Abdel Ghani et al., 2024). A complicação dos contaminantes, em particular dos MP, exige métodos preventivos e inclusivos para mitigar os seus impactos, a fim de proteger as populações humanas e o ambiente (Abdel Ghani et al., 2024).

## REFERÊNCIAS

Abdel Ghani, S.A., Hassan, S.W.M. Shreadah, M.A., Shobier, A.H., 2024. Poluição por microplásticos no ambiente aquático: A review of abundance, distribution, and composition in the Egyptian Coastal waters. Egito. J. Aquatic Biol. Fish. 28(2), 553 - 583.

Botterell, Z. L. R., Beaumont, N., Cole, M., Hopkins, F. E., Steinke, M., Thompson, R. C., Lindeque, P. K. , 2020. Biodisponibilidade de microplásticos para o zooplâncton marinho:

Efeito da forma e dos infoquímicos. Environ Sci. Technol. 54(19), 12024-12033.
Gundogdu, S., Cevik, C., 2017. Micro e mesoplásticos na costa Levantina do Nordeste da Turquia: Os resultados preliminares de amostras de superfície. Marine Pollut. Bull. 118, 341347.
Palmer, J., Herat, S., 2021. Ecotoxicidade de poluentes microplásticos para organismos marinhos: uma revisão sistemática. Poluição da água, do ar e do solo, 232, 195.
Qasim U., Osman, A.I., Al-Muhtaseb, A.H., Farrell, C., Al-Abri, M., Ali, M., Vo, D., Jamil, F., Rooney, D.M., 2020. Nanocompósitos celulósicos renováveis para embalagens de alimentos para evitar a poluição por plásticos de combustíveis fósseis: uma revisão. Environ Chem Lett. 19, 613-641.
SMEP, 2022. Estratégias de atenuação dos resíduos de plástico: A Review of Lessons from Developing Countries [Revisão das lições dos países em desenvolvimento].
Thompson, R. C., Olsen, Y., Mitchell, R. P., Davis, A., Rowland, S. J., John, A. W. G., et al., 2004. Lost at sea: where is all the plastic? Science 304, 838-838.
UNCTAD, 2022.Global plastics trade hits record $1.2 trillion. Disponível em: https://unctad.org/datavisualization/ global-plastics-trade-reached-nearly-1.2-trillion- 2021 (Acesso em: 15 de novembro de 2022).
PNUA, 2022. O nosso planeta está a sufocar com o plástico. Disponível em: https://www.unep.org/interactives/beatplastic- pollution (Acedido em: 10 de outubro de 2022).

CAPÍTULO 1

# TIPOS, PROPRIEDADES E ABUNDÂNCIA DE MICROPLÁSTICOS

**Por**

**Prof. Dr. Sahar W.M. Hassan**

## Prefácio

Este capítulo procura apresentar informações simples sobre os tipos e as propriedades dos microplásticos, tendo em conta as suas propriedades físicas, químicas e biológicas. A abundância e a distribuição em diferentes ambientes, como a água marinha, doce e salobra, bem como o destino dos microplásticos eliminados, foram amplamente discutidos.

## 1. Tipos, propriedades e abundância de microplásticos

### *1.1. Tipos de plásticos*

As fontes comuns de microplásticos podem ser agrupadas em duas classes: MPs primários e secundários. Os MP primários denotam partículas de plástico micrónicas criadas por actividades industriais e os MP secundários são as partículas de plástico produzidas através da decomposição química e física e da fragmentação de plásticos maiores (Ma et al., 2024).

#### *1.1.1. Microplásticos primários*

MPs primários menores que 5 mm são produzidos através de indústrias de plásticos (Brown et al., 2011). O seu pequeno tamanho ajuda a controlar o aspeto físico, a estabilidade e a viscosidade do produto. As MP primárias estão presentes em muitos produtos de limpeza, cosméticos artificiais, turfa e redes de pesca. As MPs primárias também podem existir em produtos de fabrico, embora acidentalmente. Apesar disso, o resultado continua a ser o mesmo: os MPs culminam no ambiente. As quatro principais causas são o vestuário sintético, as resinas plásticas, as marcas de tinta e os pneus de automóveis. A fricção dos pneus contra as estradas durante a travagem e a aceleração, quando as ruas são muito acidentadas, pode resultar no desgaste dos pneus e, assim, os MPs utilizados na conformação dos pneus libertam-se e passam para a rua, podendo depois ser transmitidos juntamente com a água da chuva para os sistemas de purificação (Brown et al., 2011).

As MP não são reservadas por este sistema de depuração porque não está previsto conservar estas pequenas partículas. Por conseguinte, são descarregadas nas águas. O mesmo acontece com os MPs que existem como fibras sintéticas no vestuário sintético. Uma investigação mostrou que o vestuário sintético é uma das principais causas de MPs no ecossistema marinho (Brown et al., 2011). Estas fibras são maioritariamente fabricadas a partir de fibras acrílicas (22%), poliéster (78%) e a maioria das fibras sintéticas que existem nos efluentes de esgotos marinhos e sedimentos são semelhantes às fibras utilizadas no vestuário sintético. Assim, examinaram os resíduos de máquinas de lavar roupa sem e com roupa e detectaram a existência de mais de 100 fibras por litro de descarga. Uma única roupa sintética pode descarregar até 1900 fibras sintéticas num único aparelho (Brown et al., 2011).

#### *1.1.2. Microplásticos secundários*

No ecossistema, nomeadamente no oceano, os plásticos estão expostos a forças biológicas, físicas e mecânicas. De facto, após a oxidação por abrasão mecânica, baixas temperaturas e raios UV, o plástico pode fragmentar-se e ser reduzido a sucata. Os MP secundários são assim formados devido à fragmentação dos macroplásticos. Apesar dos 370 milhões de toneladas de plástico formados a nível universal, a reciclagem ocorre apenas para 9% do plástico, 12% é queimado e o restante acaba em aterros e no ambiente (Jambeck et al., 2015). Todas estas descargas denotam uma causa principal para a produção de MPs secundários. Catástrofes naturais como furacões ou inundações podem acelerar a transferência de lixo da terra para o ambiente marítimo. Os navios, a aquicultura, o turismo, as empresas marítimas, a pesca recreativa e comercial podem ser fontes diretas de contaminação por MP no oceano, pondo em risco tanto a vegetação como a vida marinha (Figura 1). Assim, uma variedade de resíduos de plásticos, que são despejados em estâncias costeiras ou na praia, artes de pesca perdidas ou descartadas, tais como redes de nylon ou linhas de monofilamento, são os plásticos mais mútuos, criando contaminação marinha.

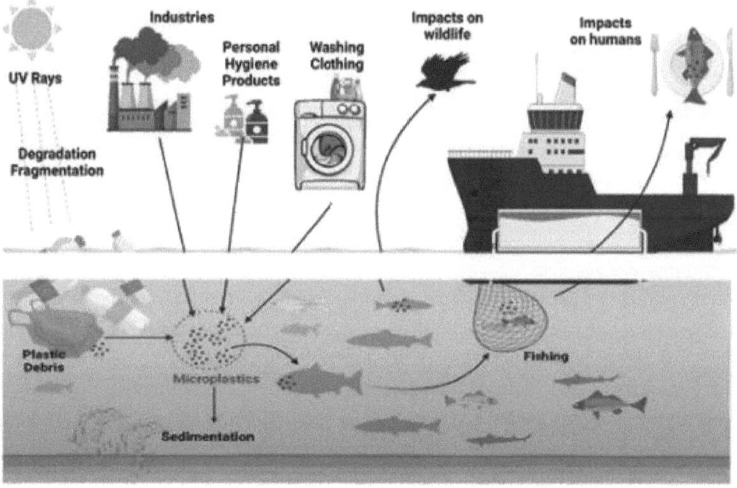


**Figura 1:** Microplásticos em ambiente aquático. Criado com BioRender (Ziani et al., 2023).

### *1.2. Propriedades dos microplásticos*

#### *1.2.1. Propriedades físicas*

As caraterísticas físicas dos microplásticos, incluindo a densidade, a área de superfície, a forma, a cristalinidade e o tamanho das partículas, são apresentadas na Figura 2. A decomposição dos MPs ocorre através de diversos processos de envelhecimento/intemperismo, como o envelhecimento térmico, o crescimento de biofilmes, a oxidação e a exposição solar (Andrady, 2017), o que provoca alterações nestas caraterísticas (Fazey e Ryan, 2016; Luo et al., 2020). O processo de decomposição também desagrega as partículas dos plásticos em partículas de tamanho micro a nano (El Hadri et al., 2020), o que facilita a sua entrada nos sistemas bióticos (Avio et al., 2016). A forma das partículas afecta a interação entre o polímero, o sistema biológico e as partículas no ecossistema aquático. Uma investigação demonstrou o impacto tóxico das fibras de polipropileno no anfípode *Hyalella azteca*, que foi afetado pela forma das partículas (Au et al., 2015).

As alterações na área de superfície das MPs podem estar inter-relacionadas com o tamanho das partículas. A ablação da superfície está relacionada com a desintegração dos MPs (Crawford e Quinn, 2017). Os comportamentos de sorção e afundamento de MPs são influenciados pela área de tamanho e tamanho de partícula (Huffer et al., 2018), embora numerosos processos de oxidação, como termo-oxidação e foto-oxidação, aumentem a cristalinidade (ter Halle et al., 2017). A colonização entre microrganismos e MPs, como bactérias, algas e fungos, é mútua no ecossistema aquático e foi declarada para produzir biofilmes em MPs (Johansen et al., 2018).

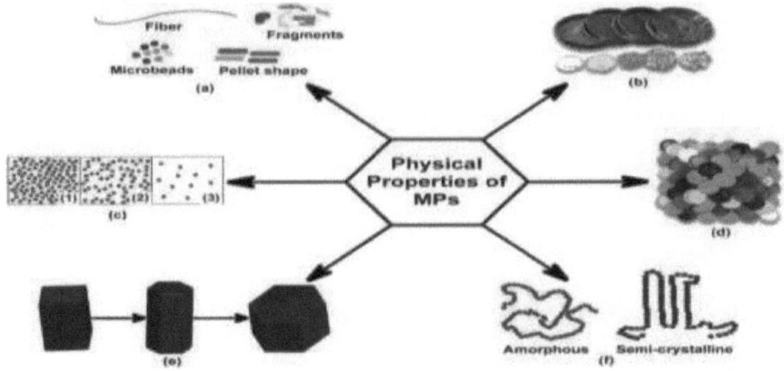


**Figura 2:** Propriedades físicas das MPs (a) Forma (ou seja, microfibras, pellets, fragmentos), (b) Tamanho (a filtração repetida fornece partículas mais finas), (c) Densidade (1. Alta densidade) (Ashrafy et al, 2023).

***1.2.2. Propriedades químicas***

Os tipos de polímeros de MP mais comuns no ambiente aquoso são o cloreto de polivinilo (PVC) (2%), o tereftalato de polietileno (PET) (16,5%), a poliamida (PA) (12%), o polietileno (PE) (25%), o álcool polivinílico (PVA) (6%), o poliestireno (PS) (8,5%) e o polipropileno (PP) (14%) (Andrady, 2017; Burns e Boxall, 2018). Entre estes polímeros, o PP e o PE são polímeros semi-cristalinos e o PET, o PS e o PVC são polímeros amorfos (Crawford e Quinn, 2017). As caraterísticas mecânicas dos polímeros são diretamente afectadas pelo grau de cristalinidade. A Figura 3 mostra as estruturas químicas de alguns polímeros MP mútuos. Os investigadores detetaram 17 polímeros MP nas águas residuais urbanas, incluindo melamina, teflon, PVA, borracha, poliuretano (PUR), PS, PP, polietileno de alta densidade (HDPE), acrilato e polietileno de baixa densidade (LDPE), para além de polímeros não caracterizados (ter Halle et al., 2017; Bayo et al., 2020).

***1.2.3. Propriedades biológicas***

As partículas de plástico, são resistentes ao ataque de micróbios como resultado do alto grau de cristalinidade, portanto, a biodegradação do plástico é interessante (Mueller, 2006). Ultimamente, os cientistas detectaram que a fragmentação do plástico é assistida por uma diversidade de microrganismos, incluindo fungos e bactérias (Ren et al., 2019). O estado do solo é uma questão essencial na degradação biológica dos plásticos, uma vez que diversos microrganismos elaborados na decomposição podem ter várias configurações óptimas de crescimento no solo (Zhang et al., 2021). Para além disso, as caraterísticas do polímero, o método de pré-tratamento, os tipos de organismos (ou seja, o tipo de grupos funcionais e substituintes, o peso molecular, a toxicidade, a cristalinidade e a mobilidade) e as condições abióticas e bióticas são também questões essenciais no processo de decomposição, tal como indicado na Figura 4 (Artham e Doble, 2008 ).

***1.3. Abundância e distribuição de MPs no ecossistema aquático***

Os MP secundários são uma das principais fontes de poluição por MP nos organismos marinhos. A forma mais comum de polímero detectada é o polietileno, que representa 23% da ingestão total. Segue-se o poliestireno (22%), o polipropileno (12%), o poliéster (9%) e a poliamida (6%). Em algumas investigações, os fragmentos e as fibras foram os materiais mais consumidos, com taxas de consumo de 21% e 23%, respetivamente (de Sa et al., 2018). Os MP podem ser consumidos por organismos marinhos através de diferentes níveis da cadeia alimentar por diferentes vias, incluindo a inalação, o consumo de presas, a ingestão direta e a alimentação por filtração/suspensão (Agathokleous et al., 2021a; Chouchene et al., 2023). No entanto, é comummente identificado que a ingestão é a principal via através da qual os MP se acumulam em criaturas aquáticas (Vo e Pham, 2021). Além disso, os MPs com tamanhos pequenos são engolidos por organismos de diferentes tipos de alimentação, permitindo a interação biológica devido à sobreposição ou interação com a gama de tamanhos da presa (Amelia et al., 2021).

A distribuição e a quantidade de MP são afetadas por variáveis ambientais e antropogénicas (Sarafraz et al., 2016 ; Imhof et al., 2017 ), que diferem amplamente, dependendo da pressão ambiental, da duração, das circunstâncias hidrodinâmicas e da região (Hamid et al., 2018). A distribuição e a presença de MPs em diferentes ambientes aquáticos estão listadas na Tabela 1 - 2. O lixo marinho é o resultado descontrolado da eliminação de lixo em lagoas, canais, lagos e rios, que é então transportado implícita ou explicitamente para habitats estuarinos, água doce, água salobra ou água marinha ( Wang et al., 2019 ). Os recifes de coral representam um coletor proeminente de MPs no ambiente marinho (Huang et al., 2020). Além disso, as estações de tratamento de águas residuais são supostamente uma causa de MPs em ambientes aquáticos (Zhang et al., 2022).

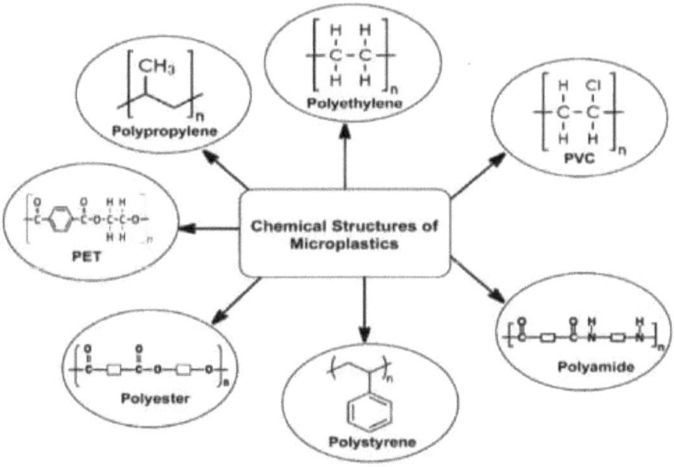


**Figura 3:** Estruturas químicas de alguns polímeros de MPs comuns (Andrady, 2017; Bayo et al., 2020).

### *1.3.1. MPs em ecossistemas de água doce*

A quantidade de microplásticos nas águas de superfície pode aumentar regularmente à medida que o rio atravessa as cidades. A poluição com MPs tornou-se uma preocupação mundial; no entanto, até à data, foram efectuadas poucas investigações sobre o ecossistema de água doce em comparação com o ambiente marinho. O quadro 1 mostra algumas investigações importantes sobre a abundância de MPs em ambiente de água doce.

### *1.3.2. MPs em ecossistemas de água salobra*

Os estuários estão principalmente expostos à contaminação por MP causada por comunidades costeiras e assentamentos humanos próximos, e dependem de uma variedade variada de rendimentos no ecossistema aquático (Wu et al., 2019). Os investigadores examinaram a quantidade de MP na água salobra e detetaram uma percentagem notável de contaminantes MP.

**Quadro 1:** Estudos selecionados sobre a contaminação por microplásticos em sistemas fluviais que utilizam uma série de diferentes abordagens analíticas e de amostragem

| Localização | Matriz | Concentrações comunicadas | Volume da amostra | Tamanhos de partículas | Referências |
|---|---|---|---|---|---|
| Rios no Planalto Tibetano, Chin | Águas de superfície | 483-967 partículas m-3 | **30 L** | >45 pm | Jiang et al. (2019) |
| Rio Pear, China | Águas de superfície | 0,57-0,71 partículas L-1 | 18,860 138,134 L | 160 pm-5 mm | Fan et al. (2019) |
| Reno Rio, Europa | Águas de superfície | 892.777 partículas km-2 | 4634 m³ | 300 pm-5 mm | Mani et al. (2015) |
| Rio Antua, Portugal | Águas de superfície | 58-193 partículas m-3 | *n.r.* | 55 pm-5 mm | Rodrigues et al. (2018) |
| Rio Marne, França | Águas de superfície | 5,7-398 partículas m-3 | *n.r.* | 80 pm-5 mm | Dris et al. (2018) |
| Rio das Pérolas, China | Água do mar | 685 partículas kg- | *n.r.* | >100 pm | Fan et al. (2019) |
| Rio Beijiang, China | Água do mar | 178± 69-544±107 partículas kg-1 | Triplicados de 30 g por local, 8 locais | pm-5 mm | Wang et al. (2017) |
| Rio Tamisa, Reino Unido | Água do mar | 18,5 a 66 partículas 100 g-1 | *n.r.* | 1-4 mm | Horton et al. (2017a, b |
| Rio Antua, Portugal | Água do mar | 100 a 629 kg-1 | *n.r.* | 55 pm-5 mm | Rodrigues et al. (2018) |

### *1.3.3. MPs nos ecossistemas marinhos*

A investigação pormenorizada da água do mar revelou a contaminação por MP no ambiente marinho em todo o mundo (Isobe, 2016). Uma variedade de MPs no ambiente marinho está listada na Tabela 2. Conforme referido por Kumar et al. (2022), a propagação de microplásticos da costa norte para a costa sul da Baía de Bengala é influenciada pela estação do ano, porque a rotação anticiclónica resulta no transporte de restos de MP. As partículas de plástico existentes na região da Ásia são geralmente criadas a partir de microplásticos secundários (Hamid et al., 2018). Na Europa, a ocorrência de microplásticos também foi reconhecida em organismos e águas marinhas (Guerranti et al., 2017; Lots et al., 2017). Diversas questões, como a expansão urbana, a pressão ambiental e o turismo, que estimulam o engajamento e a intensidade humana, também estão relacionadas a maiores concentrações de microplásticos nas bacias hidrográficas (Gundo gdu et al., 2018). Wessel et al. (2016) teorizaram que a probabilidade de abundância de MPs aumenta com o período prolongado de residência na água e com a maior área da superfície do corpo d'água e também com o agrupamento de ambos. Isto pode estar relacionado com a exposição a ondas, ventos, correntes e marés.

### *1.3.4. Deputados nos recifes de coral*

A poluição por MP é considerada um perigo evolutivo para os recifes de coral em resultado das suas interações multifacetadas, que incluem a cobertura, as capturas, o abafamento e o emaranhamento (de Carvalho-Souza et al., 2018). Os plásticos podem influenciar os meios de limpeza e alimentação de alguns corais pétreos. As zonas de recifes de coral no sudeste asiático são consideradas um ponto de acesso para a investigação dos MP, uma vez que estes locais representam a maior zona de recifes de coral do mundo (Huang et al., 2019). Os MPs normalmente existentes nos recifes de coral são maioritariamente compostos por pellets, filmes, grânulos, fibras e fragmentos (Jensen et al., 2019). Os resíduos de polímeros libertados pelas cidades costeiras e pela pesca severa criam principalmente PET, PS, PU, PE, PVC e PP, que são os polímeros plásticos mais comuns existentes nos recifes de coral (Huang et al., 2020).

### *1.3.5. MPs na fauna aquática*

A riqueza de MP tem sido reconhecida não só nos constituintes físicos dos ecossistemas aquáticos, mas também nos seus constituintes biológicos. No entanto, os bivalves (Li et al., 2015), as tartarugas (*Chelonia mydas*), os moluscos (Caron et al., 2018), os mexilhões (*Mytilus edulis, Perna viridis*) (Qu et al., 2018), as larvas de peixe (Steer et al., 2017) e as baleias adultas (Lusher et al., 2014) absorvem microplásticos, que podem finalmente acumular-se nos seus sistemas gastrointestinais (Matsuguma et al., 2017).

**Tabela 2:** Poluição no meio marinho

| Nome do país | Tipos de amostras | Principais tipos de deputados | Concentração média de MPs (g/L) | Dimensão dos deputados | Referências |
|---|---|---|---|---|---|
| Coreia do Sul | Água | Os MP consistiam em plásticos intactos, fragmentos e esferovite. | 27,606 partículas/m 2 para os grandes deputados | - | Lee et al., 2013 |
| Índia | Sedimentos | Partículas de resina de tinta (75%), esférulas (14%), fibras 5,8%, PS (4,6%) e folhas 1,6% PE & PET | 88 ± 68 partículas/L | 220 ± 50 MP por kg - 1 sedimento | Tiwari et al., 2019 |
| Bangladesh | PP & PE PS e outros MPs Fibras (59%) e grânulos (25%), | - Poliestireno (76,1%) 41,7-532,2 MP kg - 1 sedimento | - Poliestireno (76,1%) 41,7-532,2 MP kg - 1 sedimento | - < 5 cm > 5 цт | Veerasingam et al., 2016 Ryan, 2013 Stolte et al., 2015 |
| Rússia | Sedimentos | Fragmentos de fibras sintéticas e de películas de plástico; espuma de plástico PS e fragmentos de plástico | 1,3 e 36,3 artigos/kg de sedimento seco | 370 ± 1290 a 7330 ± 18.800 mg/m 2 | Esiukova, 2017 |
| Itália | Sedimentos | Filamentos > 88% e fragmentos < 9% em cada amostra | De 42 a 1069 artigos/kg | 5 e 10 mm | Zobkov e Esiukova, 2017 Guerranti et al., 2017 |
| Turquia | Água | PE, PET e PP | Em média 86,3 kg/km 2 em peso de plástico 2.6 item/m 2 | - | Gundo gdu et al., 2018 |

Investigações anteriores revelaram que a ingestão de microplásticos através de animais aquáticos apresenta uma diversidade de impactos negativos, incluindo a restrição da ação fagocitária das células e maiores lesões no ADN (Pannetier et al., 2020; Shi et al., 2020), maiores quantidades de poluentes adsorvidos pelos tecidos (Han et al., 2021) e alteração do comportamento dos organismos (Santos et al., 2021 ). Estes impactos exemplificam certamente um risco para a variedade biológica do ecossistema aquático (Agathokleous et al., 2021b). Quanto mais os MPs são reservados, mais perigosas são as consequências.

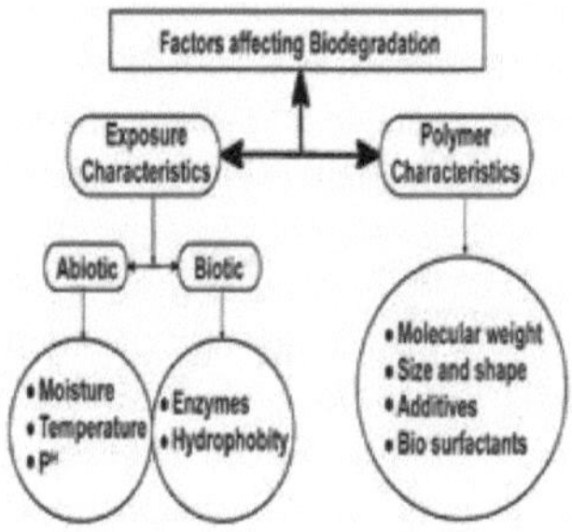


**Figura 4: (a)** Factores responsáveis por afetar a taxa de biodegradação dos MPs; (b) Diagrama esquemático do processo de biodegradação dos MPs em condições bióticas e abióticas (Ahmed et al., 2018).

### *1.3.6. MPs em organismos aquáticos*

Universalmente, a maioria dos seres humanos ingere produtos do mar, em particular peixe, devido à sua segurança nutricional e ao seu bem-estar económico, uma vez que este representa cerca de 15% das necessidades de consumo de proteína animal (Yearbook, 2012). No entanto, a capacidade dos peixes de consumir MPs levantou a preocupação da ingestão humana (Mazurais et al., 2015). Os peixes marinhos podem consumir MPs acidentalmente através do consumo de frutos do mar semelhantes a presas e deliberadamente através da alimentação na coluna de água ou através da ingestão de presas que anteriormente consumiram MPs (Wright et al., 2013). O facto de os seres humanos ingerirem pelo menos 100 espécies de peixes com poluição por detritos de plástico aumentou a sua importância (Markic et al., 2020). Consequentemente, a ingestão de peixe, bem como de água, ar e numerosos outros tipos de alimentos, denota um meio de exposição a longo prazo para a comunidade humana.

Foi proposto que o grau de consumo de MPs pelos peixes depende de factores ambientais, do tempo de exposição, do comportamento alimentar, da fisiologia do organismo, da concentração e da biodisponibilidade dos contaminantes na água (Akhbarizadeh et al., 2018). Foi amplamente documentado que mais de 150 espécies de peixes in situ consomem MPs em diferentes quantidades. Considera-se que a principal via de absorção de MPs em peixes é o consumo. Os MPs consumidos provavelmente estão localizados no trato intestinal (intestino), transmitem para os tecidos comestíveis e, finalmente, são removidos (Fossi et al., 2018).

A acumulação de MP em diversos tecidos de peixes (por exemplo, fígado, brânquias e músculo) não é semelhante. Uma vez que o intestino dos peixes não é geralmente ingerido, a acumulação de MPs neste órgão não oferece uma indicação direta de contacto humano. Além disso, o consumo através das brânquias dos peixes é menos provável, uma vez que o epitélio respiratório das brânquias é mais apertado do que o dos pulmões dos mamíferos (Su et al., 2019).

No entanto, a indicação de ingestão de esferas de látex de 1 iim na truta arco-íris e a ocorrência nas células epidérmicas subsuperficiais e superficiais da pele e nos fagócitos subjacentes à superfície das brânquias (Moore et al., 1998) realçam a passagem de MPs através das células epiteliais dos peixes, enquanto a absorção do tecido da pele ou das brânquias é outra forma de contacto humano com os MPs. De um modo geral, a exposição aos MP da dieta através dos peixes pode ser provável após a translocação e a lixiviação através das brânquias ou do intestino, atingindo o fluido circulatório. Dado que os peixes são considerados pontos críticos de poluição da biota marinha por MP e que a investigação sobre microplásticos em espécies de peixes tem vindo a aumentar ao longo do tempo, algumas investigações estudaram recentemente a poluição de peixes comerciais que habitam o mar.

Akhbarizadeh et al. (2018) investigaram a existência de MPs nos músculos de 4 espécies comerciais de peixes, incluindo garoupa de manchas alaranjadas, *barracuda de Pickhandle*, *cabeça de gordura de bartail* e scad de camarão recolhidos na Pérsia (Akhbarizadeh et al., 2018). Eles relataram a ocorrência de MPs em todas as amostras. Também foi detetada uma correlação positiva significativa ($p<0,01$) entre o comprimento dos peixes e as concentrações de MPs. A maior abundância foi detectada na *cabeça de gordura de Bartail* (*Platycephalus indicus*) exibindo uma média de 18,50 ± 4,55 itens/10 g de músculo de peixe. De um modo geral, os peixes bentónicos apresentaram um maior teor de MPs nos músculos, confirmando a sugestão sobre a relação entre o comportamento alimentar dos organismos e o seu habitat. Outras questões, como os níveis de poluição, a localização e as acções humanas locais, foram também consideradas como factores essenciais para a recolha de MPs no músculo dos peixes. Um grande número de MPs observados era menor que 300 mm e colorido (azul, transparente e preto, respetivamente).

Abbasi et al. (2018) examinaram a incidência de microplásticos no músculo do peixe-lagarto maior (*Saurida tumbil*), do linguado (*Cynoglossus abbreviatus*), do badejo do norte (*Sillago sihama*) e *da cabeça-chata* (*P. indicus*), espécies comercialmente importantes. Os autores referiram igualmente a maior presença de MP em *P. indicus*. As concentrações de MPs parecem ser mais elevadas em todas as espécies de peixes pelágicos e demersais e a maior parte das MPs eram fragmentos e fibrosas com várias cores e tamanhos (<100 um a >1.000 um). A existência de MPs em órgãos não digestivos denotou os possíveis meios de exposição para os seres humanos após a ingestão de marisco poluído. A descoberta de partículas de MP em órgãos não digestivos realçou a probabilidade de passagem através do intestino ou das brânquias por translocação ou internalização celular.

Karami et al. (2017) também afirmaram que as brânquias, o trato gastrointestinal e a pele são as vias diretas de passagem dos microplásticos para os músculos dos peixes. Eles examinaram a existência de MPs nos órgãos removidos (brânquias e vísceras) de 4 peixes comumente ingeridos. O maior número de MPs existia nos músculos, brânquias e pele do que no intestino e no fígado. No entanto, o maior número de MPs encontrava-se sobretudo nas brânquias e no trato gastrointestinal em comparação com outros órgãos. Além disso, 36 das 61 partículas detectadas em 4 de 30 espécies de peixes secos ingeridos foram reconhecidas como polímeros plásticos. O consumo anual de partículas antropogénicas pelos clientes foi também avaliado em 0 e 246 MPs por ano.

Zitouni et al. (2020) descreveram a incidência de MPs com tamanho pequeno (L.1758), das costas da Tunísia. Os MPs foram existentes em todas as amostras (100%) com uma distribuição média de microplásticos variando de 1,78 ± 0,26 a 6,03 ± 0,47 itens/g de tecido de peixe. O tamanho dos MPs variou de 0,45 цт a menos de 3 цт (-60%) e as partículas mais pequenas foram encontradas no músculo do peixe. Fragmento foi a forma plástica mais reunida observada nas amostras de músculo. A dispersão do tamanho dos MPs obtidos do músculo designou a absorção de MPs de pequeno porte por organismos, presos no trato digestivo, e o transporte para diversos tecidos através do sistema circulatório, destacando a sugestão de alta transferência de MPs para a dieta humana.

Como dito por Akhbarizadeh et al. 2018, foi detectado que os peixes exibem a prevalência máxima de MP (75% ± 12,0%), seguidos por moluscos (90% ± 3,5%) e crustáceos (20% ± 7,0%). A ocorrência de poluição por MP nos corpos moles de diferentes espécies de mexilhões foi avaliada anteriormente como 97% (Digka et al., 2018). Outra investigação detectou que a espécie de mexilhão *Mytella charruana* tinha 87% de partículas MP no corpo mole. Em alguns estudos modernos, moluscos como a ostra do Pacífico *Crassostrea gigas* e a ostra palmada *Saccostrea palmula* exibiram 83% e 47% de abundância.

A ingestão de MPs por bivalves tem causado uma série de impactos adversos nos moluscos, incluindo citotoxicidade, resposta imunológica e danos oxidativos (Fossi et al., 2018). Além disso, foram encontrados MPs em 53% dos crustáceos na região do Pacífico Norte e 20% dos camarões peneídeos no Pacífico Tropical (Handy et al., 2008). Os caranguejos podem ingerir plásticos empurrando a água sobre as suas guelras para ganhar oxigénio. Por exemplo, os crustáceos expostos a microesferas de poliestireno registaram uma redução da ingestão de alimentos, alterações do comportamento, atrasos no crescimento da descendência, uma diminuição da função enzimática e uma redução da fecundidade (Moore et al., 1998).

### *1.4. Vias de poluição aquática por MPs*

As pessoas que vivem em zonas urbanas são responsáveis por causar enormes quantidades de MPs devido à elevada densidade populacional e ao aumento da atividade humana (Horton et al., 2017a). Várias investigações indicaram os meios prováveis de poluição por MP no ecossistema aquático. Entre essas rotas, a atividade industrial, agrícola e humana foram relatadas como contribuição primária para a contaminação com plástico em diferentes corpos d'água (Wang et al., 2017). Os MPs chegam ao ecossistema oceânico por meio de materiais plásticos não degradáveis, escoamentos de rios, descartados (resíduos de atividades de transporte, materiais de embalagem e garrafas plásticas), efluentes de estações de tratamento de águas residuais, precipitação atmosférica e atividades recreativas (Nel et al., 2018). Os plásticos podem ser biodegradados, fragmentados ou fotodegradados devido à combinação de crescimento de biofilme microbiano, exposição à luz solar UV e abrasão física (Dris et al., 2018 ).

Na amostra de água de uma superfície de oceano aberto, a ocorrência de lixo plástico foi surpreendentemente alta (88%), porque a água salgada tem mais densidade do que o plástico (Sagawa et al., 2018). Como referido por Boucher e Friot (2017), as fontes de MP terrestres afectam consideravelmente a qualidade das águas superficiais das grandes bacias hidrográficas. Além disso, o revestimento dos navios de carga é uma das principais fontes de microplásticos de origem marinha. O modo de transporte de MPs compreende diversos procedimentos, incluindo processos químicos, biológicos e físicos (Andrady, 2011). A disseminação de microplásticos também depende da densidade. Os MPs suspensos em coluna ou flutuantes têm menor densidade do que a água do mar (Isobe et al., 2014), mas os MPs com maior densidade são geralmente despejados no fundo. Relativamente a estas questões, as 5 principais fontes de contaminação por MPs encontram-se no ecossistema (Figura 5). Além disso, os MPs podem ser transmitidos por MPs não flutuantes, que se depositam no fundo, habitam a coluna de água ou derivam à superfície. Estes tipos de microplásticos são normalmente depositados no fundo (Zhang, 2017).

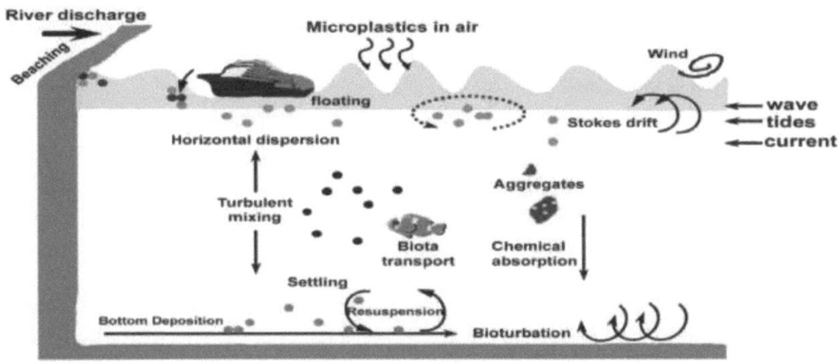


**Figura 5:** Diagrama das vias de transporte de MPs no oceano (Li et al., 2020).

### *1.4.1. Descarga de águas residuais*

Existem MPs com um tamanho médio de 250 *pm* em diferentes produtos de beleza, que podem incluir microesferas (0,5- 5%) (Chang, 2015). Napper et al. (2015) afirmaram que uma única utilização de um esfoliante pode resultar em 4 500-94 500 microesferas, enquanto cerca de 4 000 microesferas resultam de uma única utilização de pasta de dentes (Carr et. al., 2016 ). Assim, as águas residuais são a forma mais ponderada de transmissão de MP para o corpo aquático. As fibras também estão presentes em quase todas as formas de água; presume-se que cerca de 35% sejam resultantes de têxteis sintéticos (Boucher e Friot, 2017).

Almroth et al. (2017) revelaram que, durante a lavagem de roupa, cerca de 110 000 a 1 000 000 de fibras podem ser descarregadas no ecossistema aquático (Mermaids, 2016). Sillanpaa e Sainio (2017) avaliaram que 154.000 a 411.000 kg de microfibras de algodão e poliéster, com um comprimento de 100-1000 *ym* e uma espessura de 10-20 *ym* são descarregados por máquinas de lavar roupa todos os anos na Finlândia. No entanto, os cientistas revelaram que estes números são extremamente dependentes das caraterísticas têxteis (polímero, malha), das condições de lavagem (velocidade, fricção, tempo e temperatura de lavagem), do desgaste do vestuário, do tipo e utilização de amaciadores e detergentes (De Falco et al., 2019).

A libertação de fibras sintéticas têxteis durante a lavagem de roupa foi reconhecida como uma fonte crítica de microplásticos na Suécia; a lavagem de roupa doméstica é responsável por 8-950 toneladas por ano de produção de microplásticos (Magnusson et al., 2016). Os produtos de consumo são responsáveis pela ocorrência de polímeros de polipropileno na área de Seul e Busan, na Coreia do Sul (Park et al., 2020). As águas residuais industriais são também uma possível causa de poluição por MP em formas aquáticas, que incluem partículas de plástico utilizadas em motores, tinta limpa e jato de ar (Park et al., 2019), pellets de pré-produção utilizados durante o fabrico ou o transporte e esferovite utilizada para expedição ou enchimento (Sheavly e Register, 2007 ).

### *1.4.2. Escoamento pluvial e efeito Strom*

O escoamento das águas pluviais representa uma passagem importante para o transporte de partículas de desgaste rodoviário e de pneus para as massas de água (Unice et al., 2019). Além disso, os esgotos não tratados que contêm microplásticos podem chegar aos corpos aquáticos através de sistemas de águas residuais que transbordam durante as tempestades (Yano et al., 2021). Ultimamente, os investigadores têm estudado o papel das inundações e das tempestades na passagem de MPs para os oceanos e cursos de água (Gundo gdu et al., 2018). Os tipos de polímeros altamente conservadores detectados em tempestades e águas residuais são o poliestireno (PS), o cloreto de polivinilo (PVC), o polietileno (PE), o polipropileno (PP), o polietileno e o tereftalato (PET) (Yano et al., 2021).

### *1.4.3. Cinto de hidro-flutuação*

Um deslizamento de terra na margem de uma área de reservatório é chamado de cintura de flutuação hidráulica (HFB) (Zhang et al., 2019). Foi relatado que a HFB é responsável pela acumulação de metais pesados; os MPs descem a um nível de água baixo (Zhang et al., 2019). Por conseguinte, a HFB poderia participar no transporte e interceção de MP em massas de água próximas.

### *1.4.4. Actividades de pesca*

As acções marítimas, a aquicultura e a pesca são causas de contaminação por MP no ambiente aquático (Zhao et al., 2015). Os procedimentos de pesca são uma das principais causas de lixo marinho offshore responsável pela poluição com microplásticos. Sheavly (2007) detectou pedaços de linha de pesca, bóias, boias, aglomerados e cordas em restos de oceano; estas coisas abrandam no mar e por vezes desintegram-se em microplásticos. Isto resulta em toxicidade para os ambientes bentónicos, os mamíferos e os peixes (Prata et al., 2019). A pesca recreativa e comercial também contribui para a contaminação por MP.

### *1.4.5. Deputados nas estações de tratamento de águas residuais*

Os MPs existem em quantidades diárias muito elevadas nas estações de tratamento de águas residuais (Dris et al., 2015 ); que são resultantes de diferentes produtos de cuidados pessoais, como lavagem facial e champô, etc., além de algumas fibras sintéticas resultantes da lavagem de roupas (Prata et al., 2019 ). Além disso, algumas partículas minúsculas podem facilmente escapar para o ecossistema durante as fases de tratamento (Talvitie et al., 2017). Embora a concentração de MP seja muito pequena nas águas residuais após o tratamento, é bastante grande em relação à poluição por MP do ambiente aquático (Talvitie et al., 2017). Vários investigadores reconheceram uma elevada quantidade de MP nos sedimentos e na água a jusante das estações de tratamento de águas residuais (Magnusson et al., 2016).

### *1.4.6. Outros*

A maior parte dos MP ou plásticos existentes no ecossistema aquático provém mais de fontes terrestres do que de fontes aquáticas. As acções humanas dependem principalmente da utilização quotidiana de produtos de plástico, pelo que estas acções são a fonte essencial de contaminação por MP (Ashrafy et al., 2023). Foi afirmado que 98% dos MP primários se formaram a partir de acções baseadas em terra e apenas 2% a partir de acções baseadas no oceano. A gestão insuficiente de resíduos de despejo ilegal, as descargas inevitáveis e acidentais, como as que ocorrem durante a recreação, a construção, a agricultura e o consumo doméstico de fabrico, são os meios gerais através dos quais os MPs entram no ecossistema aquático (Boucher e Friot, 2017).

As acções agrícolas, como a aplicação de fertilizantes orgânicos e de película plástica, são uma fonte significativa de contaminação por MP, tanto no ecossistema aquático como no terrestre (Corradini et al., 2019). A cobertura plástica tem sido utilizada em terras agrícolas a nível mundial, o que pode ser uma possível causa de contaminação com MPs no habitat terrestre (Astner et al., 2019), para além do ecossistema aquático. A indústria do turismo desempenha um papel notável no aumento da quantidade de MPs nas costas turísticas. Os turistas são uma fonte importante de produtos de plástico (palhinhas, copos de plástico, pacotes de comida e garrafas) que chegam ao ecossistema aquático. A maioria das pessoas não está ciente dos impactos nocivos da contaminação por MP; mesmo aqueles que estão conscientes do efeito dos MPs no ecossistema raramente se preocupam em controlá-lo

(Eerkes-Medrano et al., 2019).

**REFERÊNCIAS**

Abbasi, S., Soltani N., Keshavarzi B., Moore F., Turner A, Hassanaghaei, M., 2018. Microplásticos em diferentes tecidos de peixes e camarões do estuário de Musa, Golfo Pérsico. Chemosphere. 205, 80-87.

Agathokleous, E., Lavicoli, I., Barcelo, D., Calabrese, E.J., 2021a. Riscos ecológicos num mundo "plástico": Uma ameaça à diversidade biológica? J. Hazard. Mater. 417.

Agathokleous, E., Iavicoli, I., Barcelo, D., Calabrese, E.J., 2021b. Efeitos dos micro/nanoplásticos nos organismos: A review focusing on 'Dose'. J. Haz. Mater. 417.

Ahmed, T., Shahid, M., Azeem, F., Rasul, I., Shah, A.A., Noman, M., Hameed, A., Manzoor, N., Manzoor, I., Huhammad, S., 2018. Biodegradação de plásticos: cenário atual e perspectivas futuras para a segurança ambiental. Environ. Sci. Pollut. Res. 25, 7287-7298.

Akhbarizadeh, R., Moore, F., Keshavarzi, B., 2018. Investigando uma provável relação entre microplásticos e elementos potencialmente tóxicos nos músculos dos peixes do nordeste do Golfo Pérsico. Environ Pollut. 232, 154-63.

Almroth, B.M.C., Astrom, L., Roslund, S., Petersson, H., Johansson, M., Persson, N.K., 2017. Quantificação do derramamento de fibras sintéticas de têxteis; uma fonte de microplástico liberado no meio ambiente. Environ. Sci. Pollut. 25, 1191-1199.

Amelia, T.S.M., Khalik, W.M.A.W.M., Ong, M.C., Shao, Y.T., Pan, H. J., Bhubalan, K., 2021. Microplásticos marinhos como vectores dos principais poluentes oceânicos e os seus perigos para o ecossistema marinho e para os seres humanos. Progresso em Ciências da Terra e Planetárias, 8, 12.

Andrady, A.L., 2011. Microplásticos no ambiente marinho. Mar. Pollut. Bull. 62, 15961605.

Andrady, A.L., 2017. O plástico nos microplásticos: Uma revisão. Mar. Pollut. Bull. 119, 12-22.

Artham, T., Doble, M., 2008. Biodegradação de policarbonatos alifáticos e aromáticos. Macromol. Biosci. 8, 14-24.

Ashrafy, A., Liza, A.A., Islam, M.N., Billah, M.M., Arafat, S.T., Rahman, M.M., Rahman, S.M., 2023. Poluição por microplásticos: Uma breve revisão da sua origem e abundância em diferentes ecossistemas aquáticos. J. Haz. Mat. Adv. 9, 100215.

Astner, A.F., Hayes, D.G., O'Neill, H., Evans, B.R., Pingali, S.V., Urban, V.S., Young, T.M., 2019. Formação mecânica de materiais micro e nano-plásticos para estudos ambientais em ecossistemas agrícolas. Sci. Total Environ. 685, 1097-1106.

Au, S.Y., Bruce, T.F., Bridges, W.C., Klaine, S.J., 2015. Respostas de *Hyalella azteca* a exposições agudas e crónicas a microplásticos. Environ. Toxicol. Chem. 34, 2564-2572.

Avio, C.G., Gorbi, S., Regoli, F., 2016. Plásticos e microplásticos nos oceanos: de poluentes emergentes a ameaças emergentes. Mar. Environ. Res. 128, 2-11.

Bayo, J., Lopez -Castellanos, J., Olmos, S., 2020. Biorreator de membrana e filtração rápida de areia para a remoção de microplásticos em uma estação de tratamento de águas residuais urbanas. Mar. Pollut. Bull. 156, 111211.

Boucher, J., Friot, D., 2017. Microplásticos primários nos oceanos: Uma avaliação global das fontes, 43. IUCN, Gland, Suíça.

Browne, M.A., Crump, P., Niven, S.J., Teuten, E., Tonkin, A., Galloway, T., Thompson, R. 2011. Accumulation of microplastic on shorelines woldwide: Sources and sinks. Environ. Sci. Technol. 45, 9175-9179.

Burns, E.E., Boxall, A.B.A., 2018. Microplásticos no ambiente aquático: Evidências a favor

ou contra impactos adversos e principais lacunas de conhecimento. Environ. Toxicol. Chem. 37, 2776-2796.
Caron, A.G.M., Thomas, C.R., Berry, K.L.E., Motti, C.A., Ariel, E., Brodie, J.E., 2018. Ingestão de detritos microplásticos por tartarugas marinhas verdes ( *Chelonia mydas* ) na grande barreira de corais: Validação de um protocolo de extração sequencial. Mar. Pollut. Bull. 127, 743-751.
Carr, S.A., Liu, J., Tesoro, A.G., 2016. Transporte e destino de partículas microplásticas em estações de tratamento de águas residuais. Water Res. 91, 174-182.
Chang, M., 2015. Reduzir os microplásticos de produtos de limpeza esfoliantes faciais em águas residuais através de tratamento versus decisões de produtos de consumo. Mar. Pollut. Bull. 101, 330333.
Chouchene, K., da Costa, J.P., Chamkha, M., Ksibi, M., Sayadi, S., 2023. Efeitos das propriedades físicas e químicas dos microplásticos nos organismos aquáticos: Estado da arte e tendências futuras da investigação. TrAC Trends Analyt Chem. 166, 117192.
Corradini, F., Meza, P., Eguiluz, R., Casado, F., Huerta-Lwanga, E., Geissen, V., 2019. Evidência de acumulação de microplástico em solos agrícolas a partir da eliminação de lamas de depuração. Sci. Total Environ. 671, 411-420.
Crawford, C.B., Quinn, B., 2017. Produção de plástico, resíduos e legislação. Em: Craw-ford, C.B., Quinn, B. (Eds.), Microplastic Pollutants. Elsevier Science, Amesterdão, pp. 3956.
de Carvalho-Souza, G.F., Llope, M., Tinoco, M.S., Medeiros, D.V., Maia-Nogueira, R., Sampaio, C.L.S., 2018. O lixo marinho perturba os processos ecológicos em sistemas recifais. Mar. Pollut. Bull. 133, 464-471.
De Falco, F., Di Pace, E., Cocca, M., Avella, M., 2019. A contribuição dos processos de lavagem de panos sintéticos para a poluição por microplásticos. Sci. Rep. 9, 6633.
de Sa, L.C., Oliveira, M., Ribeiro, F., Rocha, T.L., Futter, M.N., 2018. Estudos dos efeitos dos microplásticos em organismos aquáticos: O que sabemos e onde devemos concentrar nossos esforços no futuro? Sci Total Environ. 645, 1029-1039.
Digka, N., Tsangaris C., Torre M., Anastasopoulou, A., Zeri, C., 2018. Microplásticos em mexilhões e peixes do norte do mar Jónico. Mar Pollut Bull. 135, 30-40.
Dris, R., Gasperi, J., Tassin, B., 2018. In: Fontes e destino de microplásticos em áreas urbanas: Um foco na megacidade de Paris. Manual de Química Ambiental, 58. Springer, pp. 69-83.
Dris, R., Imhof, H., Sanchez, W., Gasperi, J., Galgani, F., Tassin, B., Laforsch, C., 2015. Para além do oceano: contaminação dos ecossistemas de água doce com (micro) partículas de plástico. Environ. Chem. 12, 539-550.
Eerkes-Medrano, D., Leslie, H.A., Quinn, B., 2019. Microplásticos na água potável: Uma revisão e avaliação. Curr. Opin. Environ. Sci. Health, 7, 69-75.
El Hadri, H., Gigault, J., Maxit, B., Grassl, B., Reynaud, S., 2020. Nanoplástico de microplásticos primários e secundários degradados mecanicamente para avaliações ambientais. NanoImpact 17, 100206.
Esiukova, E., 2017. Poluição por plásticos nas praias do Báltico da região de Kaliningrado, Rússia. Mar. Pollut. Bull. 114, 1072-1080.
Fan, Y., Zheng, K., Zhu, Z., Chen, G., Peng, X., 2019. Distribuição, registo sedimentar e persistência de microplásticos na bacia hidrográfica do Rio das Pérolas, China. Environ Pollut. 251, 862-870.
Fazey, F.M.C., Ryan, P.G., 2016. Biofouling em plásticos marinhos flutuantes: Um estudo

experimental sobre o efeito do tamanho na longevidade da superfície. Environ Pollut. 210, 354-60.

Fossi, M.C., Peda, C., Compa, M., Tsangaris, C., Alomar, C., Claro, F., et al., 2018. Bioindicadores para monitorizar a ingestão de lixo marinho e os seus impactos na biodiversidade mediterrânica. Environ Pollut. 237, 1023-40.

lacunas e futuras prioridades de investigação. Sci Total Environ. 586,127-141.

Guerranti, C., Cannas, S., Scopetani, C., Fastelli, P., Cincinelli, A., Renzi, M., 2017. Lixo plástico em ambientes aquáticos do Parque Regional de Maremma (Mar Tirreno, Itália): Contribuição do rio Ombrone e níveis nos sedimentos marinhos. Mar. Pollut. Bull. 117, 366-370.

Gundo gdu, S., Cevik, C., Guzel, E., Kilercio glu, S., 2018. Microplásticos em estações de tratamento de águas residuais mu-nicipais na Turquia: uma comparação das concentrações de influentes e efluentes secundários. Environ. Monit. Assess. 190, 626.

Hamid, F.S., Bhatti, M.S., Anuar, N., Anuar, N., Mohan, P., Periathamby, A., 2018. Distribuição mundial e abundância de microplástico: quão terrível é a situação? Waste Manag. Res. 36, 873-897.

Han, Y., Zhou, W., Tang, Y., Shi, W., Shao, Y., Ren, P., Zhang, J., Xiao, G., Sun, H., Liu, G., 2021. Os microplásticos agravam a bioacumulação de três antibióticos veterinários no mexilhão de casca grossa Mytilus coruscus e induzem efeitos imunotóxicos sinérgicos. Sci. Total Environ. 770, 145273.

Handy, R.D., Henry, T.B., Scown, T.M., Johnston, B.D., Tyler, C.R., 2008. Nanopartículas fabricadas: a sua absorção e efeitos nos peixes - uma análise mecanicista. Ecotoxicologia. 17, 396-409.

Horton, A.A., Svendsen, C., Williams, R.J., Spurgeon, D.J., Lahive, E., 2017a. Largemi-croplastic particles in sediments of tributaries of the River Thames, UK eabundance, sources and methods for effective quantification. Mar. Pollut. Bull. 114, 218-226.

Horton, A.A., Walton, A., Spurgeon, D.J., Lahive, E., Svendsen, C., 2017b. Microplásticos em ambientes de água doce e terrestres: Avaliando o entendimento atual para identificar as lacunas de conhecimento e futuras prioridades de pesquisa. Sci Total Environ. 15(586), 127-141.

Huang, Y., Liu, Q., Jia, W., Yan, C., Wang, J., 2020. A cobertura vegetal de plástico agrícola como fonte de microplásticos no ambiente terrestre. Environ. Pollut. 260, 114096.

Huang, Y., Zhao, Y., Wang, J., Zhang, M., Jia, W., Qin, X., 2019. Os filmes microplásticos de LDPE alteram a composição da comunidade microbiana e as atividades enzimáticas no solo. Environ. Pollut. 254, 112983.

Huffer, T., Weniger, A.K., Hofmann, T., 2018. Sorção de compostos orgânicos por partículas microplásticas de poliestireno envelhecido. Environ. Pollut. 236, 218-225.

Imhof, H.K., Rusek, J., Thiel, M., Wolinska, J., Laforsch, C., 2017. As partículas microplásticas afectam a Daphnia magna a nível morfológico, da história de vida e molecular? PLoS One 12, e0187590. Isobe, A., 2016. Percentagem de microesferas em microplásticos pelágicos nas águas costeiras do Japão. Mar. Pollut. Bull. 110, 432-437.

Isobe, A., Kubo, K., Tamura, Y., Kako, S., Nakashima, E., 2014. Transporte seletivo de microplásticos e mesoplásticos à deriva em águas costeiras. Mar. Pollut. Bull. 89, 324-330.

Jambeck, J.R., Geyer, R., Wilcox, C., Siegler, T.R., Perryman, M., Andrady, A., Narayan, R., Law, K.L., 2015. Plastic waste inputs from land into the ocean. Science. 347, 768771.

Jensen, L.H., Motti, C.A., Garm, A.L., Tonin, H., Kroon, F.J., 2019. Fontes, distribuição e

destino de microfibras na Grande Barreira de Corais. Austrália. Sci. Rep. 9, 9021.
Jiang, C., Yin, L., Li, Z., Wen, X., Luo, X., Hu, S., et al., 2019. Poluição microplástica nos rios do Planalto do Tibete. Environ Pollut 249, 91-98.
Johansen, M.P., Prentice, E., Cresswell, T., Howell, N., 2018. Dados iniciais sobre a adsorção de Cs e Sr nas superfícies de microplásticos com biofilme. J. Environ. Radioact 190-191, 130-133.
Karami A, Golieskardi A, Ho YB, Larat V, Salamatinia B., 2017. Microplásticos em carne eviscerada e órgãos excisados de peixes secos. Sci Rep.7, 1-9.
Kumar, R., Sinha, R., Rakib, M.R., Padha, S., Ivy, N., Bhattacharya, S., Dhar, A., Sharma, P., 2022. Carga de poluição de microplásticos no delta de Sundarban da Baía de Bengala. J. Haz. Mat. Adv. 7, 100099.
Lee, J., Hong, S., Song, Y.K., Hong, S.H., Jang, Y.C., Jang, M., Heo, N.W., Han, G.M., Lee, M.J., Kang, D., Shim, W., 2013. Relações entre as abundâncias de detritos plásticos em diferentes classes de tamanho nas praias da Coreia do Sul. Mar. Pollut. Bull. 77, 349-354.
Li, Y., Zhang, H., Tang, C., 2020. Uma revisão das possíveis vias de transporte de microplásticos marinhos no oceano. Anthropocene Coasts 3, 6-13.
Lo, H-S., Xu, X., Wong, C.Y., Cheung, S.G., 2018. Comparações de poluição microplástica entre lodaçais e praias arenosas em Hong Kong. Environ. Pollut. 236, 208-217.
Lots, F.A.E., Behrens, P., Vijver, M.G., Horton, A.A., Bosker, T., 2017. Uma investigação em grande escala da contaminação por microplásticos: Abundância e caraterísticas dos microplásticos nos sedimentos das praias europeias. Mar. Pollut. Bull. 123, 219-226.
Luo, H., Zhao, Y., Li, Y., Xiang, Y., He, D., Pan, X., 2020. O envelhecimento de microplásticos afeta suas propriedades de superfície, decomposição térmica, lixiviação de aditivos e interações em fluidos simulados. Sci. Total. Environ. 714, 136862.
Lusher, A.L., Burke, A., O'Connor, I., Officer, R., 2014. Poluição microplástica no Oceano Atlântico Nordeste: amostragem validada e oportunista. Mar. Pollut.Bull. 88, 325-333.
Ma, H., chao L., Wan H., Zhu Q., 2024. Poluição por microplásticos em sistemas hídricos: Caraterísticas e métodos de controlo. Diversidade. 16(1), 70.
Magnusson K., Eliasson K., Frane A., Haikonen K., Hulten J., Mikael Olshammar M., Stadmark J., Voisin A., Miljoinstitutet I.S., 2016. Swedish sources and pathways for microplastics to the marine environment. Relatório C183, Instituto Sueco de Investigação Ambiental, Estocolmo (revisto em 2017).
Mani, T., Hauk, A., Walter, U., Burkhardt-Holm P., 2015. Perfil de microplásticos ao longo do rio Reno. Sci Rep. 5, 17988.
Markic, A., Gaertner, J.C., Gaertner-Mazouni, N., Koelmans, A.A., 2020. Ingestão de plástico por peixes marinhos na natureza. Crit Rev Environ Sci Technol. 50, 657-97.
Matsuguma, Y., Takada, H., Kumata, H., Kanke, H., Sakurai, S., Suzuki, T., Itoh, M., Okazaki, Y., Boonyatumanond, R., Zakaria, M.P., Weerts, S., Newman, B., 2017. Microplásticos em núcleos de sedimentos da Ásia e África como indicadores de tendências temporais na poluição plástica. Arch. Environ. Contam. Toxicol. 73, 230-239.
Mazurais, D., Ernande, B., Quazuguel, P., Severe, A., Huelvan, C., Madec, L., et al., 2015. Avaliação do impacto da ingestão de microesferas de polietileno em larvas de robalo europeu (*Dicentrarchus labrax*). Mar Environ. Res. 112, 78-85.
Sereias, 2016. Obtido em: http://life-mermaids.eu/en/. Microbead-Free Waters Act of 2015 Recuperado de: https://www.congress.gov/bill/114th-congress/ house-bill/1321.
Moore, J.D., Ototake, M., Nakanishi, T., 1998. Absorção de antigénio particulado durante a

imunização de peixes por imersão: a eficácia da exposição prolongada e os papéis da pele e das brânquias. Fish Shellfish Immunol 8, 393-408.
Mueller, R.J., 2006. Biological degradation of synthetic polyesters-enzymes as potentialcatalysts for polyester recycling. Process Biochem. 41, 2124-2128.
Napper, I.E., Bakir, A., Rowland, S.J., Thompson, R.C., 2015. Caracterização, quantidade e propriedades sorventes de microplásticos extraídos de cosméticos. Mar. Pollut. Bull. 99, 178-185.
Nel, H.A., Dalu, T., Wasserman, R.J., 2018. Sumidouros e fontes: avaliação da abundância de microplásticos em sedimentos fluviais e alimentadores de depósitos em um sistema urbano-rio temperado austral. Sci. Total Environ. 612, 950-956.
Pannetier, P., Morin, B., Bihanic, F.L., Dubreil, L., Clerandeau, C., Chouvellon, F., Arkel, K.V., Danion, M., Cachot, J., 2020. Amostras ambientais de microplásticos induzem efeitos tóxicos significativos em larvas de peixes. Environ. Int. 134, 105047.
Park, H.J., Oh, M.J., Kim, P.G., Kim, G., Jeong, D.H., Ju, B.K., Lee, W.S., Chung, H.M., Kang, H.J., Kwon, J.H., 2020. Pesquisa de reconhecimento nacional de microplásticos em estações de tratamento de águas residuais municipais na Coreia. Environ. Sci. Technol. 54, 15031512.
Park, S.Y., Kim, C.G., 2019. Biodegradação de partículas de micro-polietileno por colonização bacteriana de um consórcio microbiano misto isolado de um aterro sanitário. Chemosphere 222, 527-533.
Prata, J.C., da Costa, J.P., Lopes, I., Duarte, A.C., Rocha-Santos, T., 2019. Efeitos dos microplásticos nas populações de microalgas: Uma revisão crítica. Sci. Total Environ. 665, 400-405.
Qu, X., Su, L., Li, H., Liang, M., Shi, H., 2018. Avaliando a relação entre a abundância e as propriedades dos microplásticos na água e nos mexilhões. Sci. Total Environ. 621, 679-686.
Ren, L., Men, L., Zhang, Z., Guan, F., Tian, J., Wang, B., Wang, J., Zhang, Y., Zhang, W., 2019. Biodegradação de polietileno por *Enterobacter* sp. D1 das entranhas da traça de cera *Galleria mellonella*. Int. J. Environ. Res. Publ. Saúde 16, 1941.
Rodrigues, M.O., Abrantes, N., Goncalves, F.J.M., Nogueira, H., Marques, J.C., Goncalves, A.M.M., 2018. Distribuição espacial e temporal de microplásticos em água e sedimentos de um sistema de água doce (Rio Antua, Portugal). Sci Total Environ. 633, 1549-1559.
Ryan, P.G., 2013. Uma técnica simples de contagem de detritos marinhos no mar revela gradientes acentuados de lixo entre o Estreito de Malaca e a Baía de Bengala. Mar. Pollut. Bull. 69, 128-136.
Sagawa, N., Kawaai, K., Hinata, H., 2018. Abundância e tamanho de microplásticos num mar costeiro: Comparação entre sedimento de fundo, sedimento de praia e água de superfície. Mar. Pollut. Bull. 133, 532-542.
Santos, D., Luzio, A., Matos, C., Bellas, J., Monteiro, S.M., Felix, L., 2021. Microplásticos isolados ou co-expostos com cobre induzem neurotoxicidade e alterações comportamentais em larvas de peixe-zebra após uma exposição subcrónica. Aquat. Toxicol. 235, 105814.
Sarafraz, J., Rajabizadeh, M., Kamrani, E., 2016. A avaliação preliminar da abundância e composição dos detritos marinhos de praia no norte do Golfo Pérsico, cidade de Bandar Abbas, Irão. J. Mar. Biolog. Assoc. 96, 131-135.
Sheavly, S., 2007. Programa nacional de monitorização de detritos marinhos: relatório final do programa. Análise e resumo dos dados. Ocean Conservancy, Washington.
Sheavly, S.B., Register, K.M., 2007. Lixo marinho e plásticos: preocupações ambientais,

fontes, impactos e soluções. J. Polym. Environ. 15, 301-305.
Shi, W., Han, Y., Sun, S., Tang, Y., Zhou, W., Du, X., Liu, G., 2020. Imunotoxicidades de microplásticos e sertralina, isoladamente e em combinação, para uma espécie de bivalve: Interação dependente do tamanho e potencial mecanismo de toxicidade. J. Hazard. Mater. 396, 122603.
Sillanpaa, M., Sainio, P., 2017. Libertação de fibras de poliéster e algodão de têxteis em lavagens à máquina. Environ. Sci. Pollut. Res. 24, 19313-19321.
Steer, M., Cole, M., Thompson, R.C., Lindeque, P.K., 2017. Ingestão de microplástico em larvas de peixes no oeste do Canal da Mancha. Environ. Pollut. 226, 250-259.
Stolte, A., Forster, S., Gerdts, G., Schubert, H., 2015. Concentrações de microplásticos em sedimentos de praia ao longo da costa alemã do Báltico. Mar. Pollut. Bull. 99, 216-229.
Su, L., Deng, H., Li, B., Chen, Q., Pettigrove, V., Wu, C., et al., 2019. A ocorrência de microplástico em órgãos específicos em peixes capturados comercialmente na costa e na área do estuário do leste da China. J Hazard Mater. 365, 716-24.
Talvitie, J., Mikola, A., Setala, O., Heinonen, M., Koistinen, A., 2017. Até que ponto o microlixo é purificado das águas residuais? Um estudo detalhado sobre a remoção gradual de microlixo numa estação de tratamento de águas residuais de nível terciário. Water Res 109, 164-172.
ter Halle, A., Ladirat, L., Martignac, M., Mingotaud, A.F., Boyron, O., Perez, E., 2017. Até que ponto os microplásticos do oceano aberto são intemperizados? Environ. Pollut. 227, 167-174.
Tiwari, M., Rathod, T.D., Ajmal, P.Y., Bhangare, R.C., Sahu, S.K., 2019. Distribuição e caraterização de microplásticos na areia da praia de três ambientes costeiros indianos diferentes. Mar. Pollut. Bull. 140, 262-273.
Unice, K.M., Weeber, M.P., Abramson, M.M., Reid, R.C.D., van Gils, J.A.G., Markus, A.A., Vethaak, A.D., Panko, J.M., 2019. Caracterização da exportação de microplásticos terrestres para o estuário - Parte I: Aplicação de modelos integrados de transporte geoespacial de microplásticos para avaliar partículas de pneus e desgaste de estradas na bacia hidrográfica do Sena. Sci. Total Environ. 646, 1639-1649.
Veerasingam, S., Mugilarasan, M., Venkatachalapathy, R., 2016. Influência da inundação de 2015 na distribuição e ocorrência de pellets microplásticos ao longo da costa de Chennai, Índia. Mar. Pollut. Bull. 109, 196-204.
Vo, H.C., Pham, M.H., 2021. Efeitos ecotoxicológicos dos microplásticos em organismos aquáticos: A Review. Environ. Sci. Poll. Res. 28, 44716-44725.
Wang, J., Peng, J., Tan, Z., Gao, Y., Zhan, Z., Chen, Q., Cai, L., 2017. Microplásticos em sedimentos de superfície da zona litoral do rio Beijiang: composição, abundância, texturas de superfície e interação com metais pesados. Chemosphere 171, 248-258.
Wang, L., Kaeppler, A., Fischer, D., Simmchen, J., 2019. Micromotores fotocatalíticos de TiO2 para remoção de microplásticos e matéria em suspensão. ACS Appl. Mater. Interfaces 11, 32937-32944.
Wessel, C.C., Lockridge, G.R., Battiste, D., Cebrian, J., 2016. Abundância e caraterísticas de microplásticos em sedimentos de praia: percepções sobre a acumulação de microplásticos nos estuários do norte do Golfo do México. Mar. Pollut. Bull. 109, 178-183.
Wright, S.L., Thompson, R.C., Galloway, T.S., 2013. Os impactos físicos dos microplásticos nos organismos marinhos: uma revisão. Environ Pollut. 178, 483-92.
Wu, X., Pan, J., Li, M., Li, Y., Bartlam, M., Wang, Y., 2019. Enriquecimento seletivo de

patógenos bacterianos por biofilme microplástico. Water Res 165, 114979.
Yano, K.A., Geronimo, F.K., Reyes, N.J., Kim, L.H., 2021. Caracterização e comparação da ocorrência de microplásticos em fontes de poluição pontuais e não pontuais. Sci. Total Environ. 797, 148939.
Anuário, F. Estatísticas da pesca e da aquicultura. Rome: FAO; 2012.
Zhang, S.L., Wang, J.Q., Liu, X., Qu, F.J., Wang, X.S., Wang, X.R., Li, Y., Sun, Y.K., 2019. Microplásticos no ambiente: uma revisão dos métodos analíticos, distribuição e efeitos biológicos. Trend. Anal. Chem. 111, 62-72.
Zhang, T., Jiang, B., Xing, Y., Ya, H., Lv, M., Wang, X., 2022. Estado atual da poluição por microplásticos no ambiente aquático, interação com outros poluentes e efeitos nos organismos aquáticos. Environ. Sci. Pollut. Res. 29, 16830-16859.
Zhang, W., Zhang, S., Wang, J., Wang, Y., Mu, J., Wang, P., Lin, X., Ma, D., 2017. Poluição por microplásticos nas águas superficiais do Mar de Bohai. China. Environ. Pollut. 231, 541-548.
Zhang, X., Li, Y., Ouyang, D., Lei, J., Tan, Q., Xie, L., Li, Z., Liu, T., Xiao, Y., Fa-rooq, T.H., Wu, X., Chen, L., Yan, W., 2021. Revisão sistemática das interações entre microplásticos e microorganismos no ambiente do solo. J. Hazard. Mater. 418, 126288.
Zhao, S., Zhu, L., Li, D., 2015. Microplástico em três estuários urbanos. China. Environ. Pollut. 206, 597-604.
Ziani, K., Mindrican, C.I., Mititelu, M., Neacsu, SM., Negrei, C., Moros, E., Draganescu, D., Preda, O., 2023. Microplásticos: Uma verdadeira ameaça global para o ambiente e a segurança alimentar: A State of the Art Review. Nutrientes 15, 617.
Zitouni, N., Bousserrhine, N., Belbekhouche, S., Missawi, O., Alphonse, V., Boughatass, I, et al., 2020. Primeiro relatório sobre a presença de pequenos microplásticos (<3 pm) no tecido do peixe comercial *Serranus scriba* (*Linnaeus*. 1758) das costas tunisinas e alterações celulares associadas. Environ Pollut. 263, 114576.
Zobkov, M., Esiukova, E., 2017. Microplásticos em sedimentos de fundo do Báltico: Procedimentos de quantificação e primeiros resultados. Mar. Pollut. Bull. 114, 724-732.

CAPÍTULO 2

# FONTES DE MICROPLÁSTICOS

**Por**

**Prof. Dr. Sahar W.M. Hassan**

## Prefácio

Este capítulo trata de informações importantes sobre as fontes de microplásticos em diferentes ecossistemas, incluindo o ar, a água, o solo e os organismos. Também foram apresentados vários mecanismos de transporte de microplásticos para o ambiente marinho através de rios e escoamento, transporte eólico, esgotos e águas residuais, actividades costeiras e transporte por navios.

## 1. Fontes de microplásticos

Sugere-se que os cursos de água contêm MPs com diferentes composições químicas, densidades, tamanhos, estruturas e formas (Auta et al., 2017). Normalmente, existem várias fontes de MPs, mas elas são principalmente agrupadas em fontes terrestres e oceânicas, conforme apresentado na Figura 6. As fontes terrestres são responsáveis por 80-90% dos MPs nas bacias hidrográficas (Duis e Coors, 2016). Estas fontes incluem sacos de plástico, materiais de construção, produtos de higiene pessoal e garrafas. Os queimadores de plástico, que produzem cinzas de fundo que incluem MPs, são também outra fonte terrestre (Yang et al., 2021). Artigos de embalagem, produtos domésticos, resíduos de embalagens de bebidas, materiais de construção e alimentos são algumas das fontes mais importantes de substâncias plásticas maiores em terra (Alomar et al., 2016).

As actividades industriais e as lamas de depuração, em especial as que utilizam pequenas pastilhas e grânulos de resina, são outras possíveis fontes de descarga de MPs no ecossistema aquático (Rolsky et al., 2020). Para além dos materiais de construção e dos medicamentos, alguns produtos de higiene pessoal e cosméticos são também considerados possíveis fontes de contaminação por plásticos, uma vez que podem conter MPs utilizados como ingredientes ou transportadores de medicamentos (Rochman, 2018). Por exemplo, batons, cremes faciais, detergente em pó, protetor solar, géis de duche, máscaras, lavagens faciais, géis para as mãos, pasta de dentes, sabonetes para as mãos e detergentes para a roupa são alguns exemplos destes produtos (Guerranti et al., 2019).

Verificou-se que muitas fibras sintéticas, como o nylon e o poliéster, são descarregadas através das águas residuais dos cursos de água para as bacias hidrográficas (Almroth et al., 2018). O desgaste dos pneus dos automóveis também descarrega MPs no ecossistema (Kole et al., 2017). Os bens de utilização única constituídos por plásticos poliméricos, como talheres, chávenas de café, sacos, palhinhas e garrafas de bebidas, foram reconhecidos como uma importante fonte de contaminação do ecossistema por plásticos. Além disso, a utilização extrema de máscaras faciais de uso único formadas por polímeros plásticos, como polipropilenos e poliésteres durante a doença do coronavírus 2019 (COVID-19), aumentou consideravelmente os resíduos de microplásticos (Fadare e Okofo, 2020).

As causas de poluição por MPs baseadas no oceano representam cerca de 10-20% dos MPs libertados nos corpos aquáticos, incluindo o turismo à beira-mar, a pesca comercial, as indústrias marinhas offshore e os navios (Karbalaei et al., 2019). As artes de pesca perdidas, como as redes de nylon e as linhas de monofilamento de plástico, são as principais fontes de MPs que podem flutuar a diversas profundidades no oceano (Naji et al., 2017). Mais de 600

000 toneladas/ano de artes de pesca são deitadas fora no oceano (Good et al., 2010). Os resíduos de transporte de MPs, geralmente descarregados de navios de transporte marítimo e naval, aumentam o problema (Peng et al., 2018). Além disso, uma enorme quantidade de resíduos plásticos provenientes de atividades offshore, por exemplo petroquímicas, está a ser descarregada nos ecossistemas marinhos (Calero et al., 2021). Embora a participação das fontes baseadas no oceano na poluição por MPs não seja tão grande quanto as fontes baseadas em terra, ainda é notável e as políticas de controlo são desejadas para diminuir essa participação.

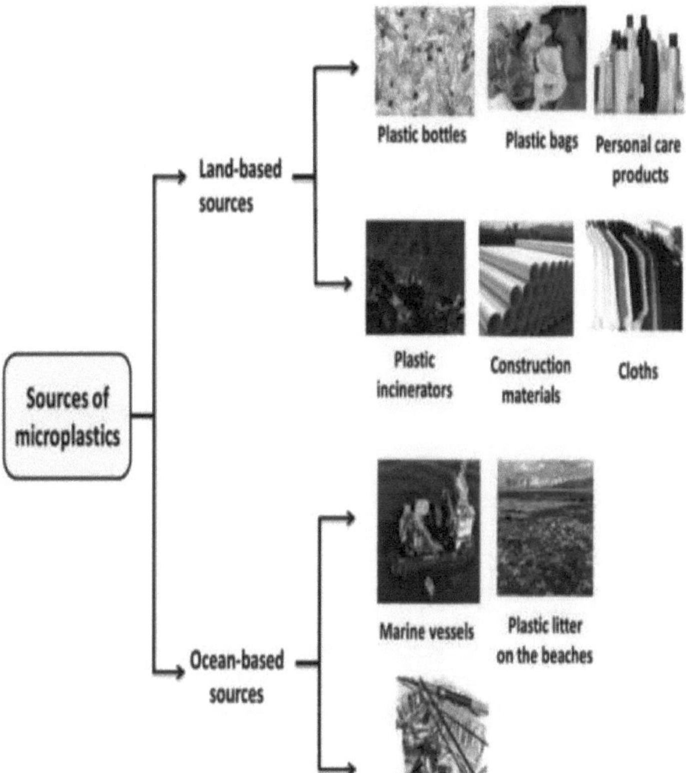


**Figura 6:** Fontes de microplásticos terrestres e oceânicos. As fontes terrestres contribuem com 80-90% dos microplásticos para as massas de água, incluindo sacos de plástico, garrafas de plástico, produtos de higiene pessoal, incineradores de plástico, materiais de construção e têxteis. As fontes baseadas no oceano contribuem com 10-20% da descarga de microplásticos nas massas de água, principalmente embarcações marítimas, lixo plástico nas praias e artes de pesca (Osman et al., 2023).

### *1.1. Fontes de microplásticos no ar*

A contaminação ambiental por MPs no ar é um problema cada vez mais preocupante devido às implicações para a saúde humana. Os microplásticos podem existir em várias áreas do ambiente (Figura 7). A inalação direta e contínua de MPs transportados pelo ar ocorre no ambiente, em particular as contribuições de MPs elevados podem existir no ar interior devido à quebra e erosão de produtos de construção, domésticos, embora haja poucas provas acessíveis sobre as suas concentrações e fontes, para além dos perigos que podem causar. Isto deve-se ao facto de as técnicas de análise dos MPs serem complexas, não padronizadas e com várias etapas.

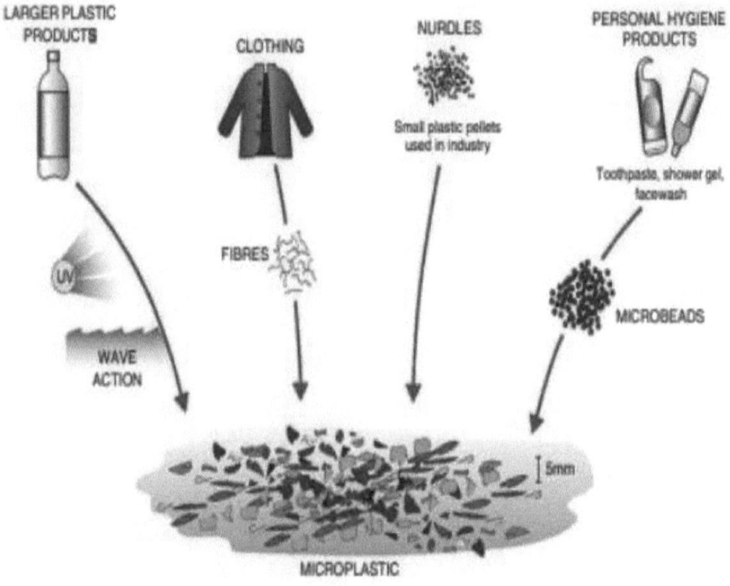


**Figura 7:** Fontes de microplásticos (Anónimo, 2023).

O comportamento e a distribuição dos MPs suspensos no ar são semelhantes aos de outros contaminantes transportados pelo ar: a sua dispersão, transporte, remoção e concentração dependem das condições meteorológicas, do transporte a longa distância e das fontes de emissão. Investigações recentes revelaram a incidência de MPs tanto no ar interior como no exterior. A abundância de MPs no ar exterior difere geralmente consoante o local de amostragem (remoto, industrial e urbano). Dris et al. (2016) estimaram os níveis de MPs na precipitação atmosférica num local suburbano na área metropolitana de Paris, França. O sítio urbano apresentou mais níveis de MPs do que o suburbano. A média estimada do total de fibras na atmosfera foi de 53 e 110 partículas/$m^2$ /dia no local suburbano e urbano, respetivamente. Esta variação foi atribuída a acções antropogénicas e intensificadas e a uma maior população no local urbano (Dris et al., 2016).

Da mesma forma, Liao et al. (2021) relataram uma maior distribuição de MPs na atmosfera em uma estação de trânsito urbana (287 ± 72 MPs/$m^3$ ), do que em zonas húmidas (97 ± 33 MPs/$m^3$ ), montanha (70 ± 18 MPs/$m^3$ ) e terras agrícolas rurais (137 ± 57 MPs/$m^3$ ). No entanto, resultados opostos foram detetados por Klein e Fischer (2019) que compararam as concentrações de MPs na atmosfera em 33 locais rurais/florestais e locais urbanos, mostrando que a abundância média de MPs era de 396 e 137 partículas/$m^2$ /dia para os locais rurais e urbanos, respetivamente. As principais razões para a maior abundância de MPs nas zonas rurais/florestais são a filtragem de partículas da atmosfera seca pelas plantas e a influência do pente para fora. Numa ocasião de chuva durante o período de amostragem, as partículas foram salpicadas das folhas e adicionadas ao número de partículas nos amostradores a granel (Klein e Fischer, 2019).

O estudo da morfologia dos MPs pode ajudar a assumir a origem: as fibras estão correlacionadas com a produção de estofos ou vestuário, enquanto os fragmentos podem ter origem na degradação de plásticos (Liu et al., 2019). O diâmetro e o tamanho também são parâmetros precários para a caraterização, devido ao seu efeito no contacto dos MPs com o meio, o diâmetro também tem um efeito elevado na toxicidade e na persistência (Gasperi et al., 2018). Além disso, as investigações que estudaram a composição química (Wright et al., 2020) mostraram que o polietileno (PE) e o tereftalato de polietileno (PET) existem em todas as amostras externas. A quantificação e a caraterização de MPs, particularmente menores que 2 um, seriam muito úteis para informar as avaliações de risco ambiental e humano e apoiar as diretrizes de qualidade do ar (Wright et al., 2021a).

No ar interior, os MPs têm mais concentrações do que no exterior (Gasperi, 2015), gerando um alarme acrescido, uma vez que o ser humano passa cerca de 70-90% do tempo no interior. Em locais fechados, a forma dos MPs é regida por fluxos de ar, ventilação e distribuição da sala (Prata, 2018). Consequentemente, baixas taxas de restauração do ar geralmente causam alta abundância de MPs em ambientes internos. Além disso, a utilização de substâncias sintéticas contribui para a concentração total de MPs: a limpeza tradicional, os hábitos, as actividades e o mobiliário estão sempre a produzir MPs (Chen et al., 2020a). Considera-se que a principal fonte de MPs no ar interior são os tecidos sintéticos libertados pelos produtos de fibra e outras roupas durante a secagem, o uso e a limpeza (Dris et al., 2016; Chen et al., 2020a). Outras acções diárias têm sido referidas como fontes de MPs, por exemplo, a abertura de embalagens de plástico (Sobhani et al., 2020). As concentrações descritas situam-se entre 1,6 e 12,6 MPs/m$^3$ . PA, PP, PES, PE e PS parecem ser os polímeros mais abundantes, embora alguns autores não refiram a existência de polímeros.

No entanto, seria benéfico identificar fontes prospetivas de MPs em ambientes fechados. No entanto, as informações sobre os MP transportados pelo ar, tanto no ar exterior como no ar interior, são ainda muito restritas (Enyoh et al., 2019), especialmente em ambientes industriais e urbanos. Na sua maioria, existem grandes diferenças na composição química das amostras e é necessário um estudo mais aprofundado para fazer corresponder as abordagens analíticas, encontrar relações entre os locais de amostragem e comparar as concentrações e as composições químicas declaradas.

### *1.2. Fontes de microplásticos na água potável*

A poluição por MP na água potável tornou-se um alarme crescente em todo o mundo. Essas pequenas partículas de plástico, avaliadas em menos de 5 mm de tamanho, podem se originar de diferentes fontes e se infiltrar em corpos d'água (Figura 8). A identificação de fontes de microplástico na água potável é vital em abordagens operacionais emergentes para controlar sua ocorrência e proteger a saúde humana (Koelmans et al., 2019).

Uma causa importante da contaminação da água potável por microplásticos são as águas pluviais e o escoamento. A água se move sobre calçadas e estradas, além de outras superfícies, levando à coleta de poluentes e detritos ao longo do caminho (Muller et al., 2020). Esse escoamento transmite partículas de MP, como materiais de embalagem, sacolas e garrafas, para rios, lagos, bueiros, além de bacias que servem como origem de água potável. A desintegração de matérias plásticas de maiores dimensões devido a forças mecânicas e à

meteorização também contribui para a libertação de MP na água (Li et al., 2020).
As estações de tratamento de águas residuais desempenham uma ação vital na eliminação dos poluentes das águas residuais industriais e domésticas antes da sua descarga no ecossistema. No entanto, estas estações não estão planeadas para uma remoção eficiente das partículas de MP (Rout et al., 2021). Assim, os MPs existentes nas águas residuais podem passar pelo processo de tratamento e entrar em fontes de água subterrânea, lagos e rios que servem como reservatórios de água potável. As principais causas de MP nas águas residuais incluem fibras sintéticas e produtos de higiene pessoal, como microesferas em pastas de dentes e esfoliantes (Barchiesi et al., 2021).
Os materiais plásticos, como as substâncias de embalagem, os sacos e as garrafas, podem decompor-se ao longo do tempo em resultado da exposição a forças mecânicas, à luz solar e ao calor, conduzindo à descarga de partículas de MP no ecossistema, que podem depois ser libertadas para as bacias hidrográficas através de diferentes formas, incluindo o escoamento superficial, a deposição direta e o transporte pelo vento. Além disso, a quebra do plástico pode ocorrer no ecossistema marinho, onde os fragmentos de plástico maiores são expostos à ação das ondas e à água salgada, provocando o desenvolvimento de MP que podem ser transmitidos a fontes de água doce (Zhang et al., 2021a).

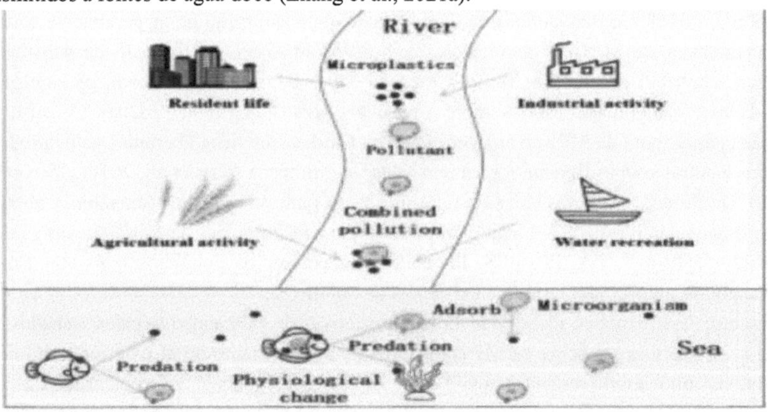


**Figura 8:** Efeito do microplástico na água (Ziani et al., 2023).

### *1.3. Fontes de MPs nos organismos*
Não é surpreendente descobrir microplásticos em animais devido à utilização generalizada de plásticos, o que, por sua vez, leva a sequências de poluição em todos os ambientes por MPs. Existem 2 causas para a acumulação de MPs em animais, indirectas (como resultado de presas, existem através da cadeia alimentar) ou diretas (dos meios de comunicação) (Smith et al., 2018). Parece que os MP se acumulam nos tipos de animais que funcionam como biofiltros, como os moluscos e o zooplâncton. Por exemplo, a concentração de microplásticos em mexilhões e ostras é de cerca de 48 e 37 partículas por 100 g de tecido mole destes animais, respetivamente. Além disso, um peixe de tamanho médio pode acumular cerca de 40 partículas no seu trato intestinal (Kwon et al., 2020).
Os microplásticos podem também ser acumulados no interior dos órgãos dos animais que vivem em terra. Muitos relatórios descobriram MPs em estrume de ovelha (1.000 partículas/g), estrume ($10^5$ partículas/g) e estômago de galinha (5,1 partículas/g) (Beriot et al.,

2021). Além disso, prevê-se que os seres humanos possam ser expostos a diferentes concentrações de MPs durante a inalação ou o consumo de alimentos e água. Além disso, os MPs são detectados em vários tipos de alimentos essenciais (Yee et al., 2021).

Uma investigação efectuada por Danopoulos et al. (2020) revelou que podem existir concentrações elevadas de MPs no marisco. Os resultados foram de até 8 323, 17 716 e 27 825 partículas de MPs em peixes, crustáceos e mariscos, respetivamente, por ano. Assim, a concentração total de MPs no marisco pode ser de 53.864. Outra investigação efectuada por Kwon et al. (2020) revelou que metade dos polímeros existentes nos alimentos sob a forma de plásticos são o poliestireno, o tereftalato de polietileno (PET), o polipropileno e o polietileno, que se apresentam sob a forma de fibras e filamentos. Supõe-se que as fibras apresentam consequências mais prejudiciais do que as partículas esféricas, mesmo em pequenas doses (Kwon et al., 2020).

### *1.4. Fontes de MPs no sistema do solo*

Os MP podem também ser considerados subprodutos de produções plásticas maiores, como relvados artificiais, descargas de tintas, poeiras de pneus de veículos, etc., devido a abrasões (Boucher e Friot, 2017). O aumento do desenvolvimento económico e da urbanização, juntamente com acções inadequadas de gestão de resíduos e a falta de sensibilização dos indivíduos para a eliminação de MP, conduz à deposição de lixo e, consequentemente, à acumulação de MP no solo. A maior parte dos resíduos produzidos é deixada de lado em lixeiras não designadas ou em ecossistemas abertos (Blasing e Amelung, 2018). Verificou-se que 4,97 mil milhões de toneladas de lixo plástico foram eliminadas em ambientes abertos e aterros sanitários entre 1950 e 2015 (Geyer et al., 2017). Yang et al. (2021) observaram que a obtenção da concentração rigorosa de detritos de MPs acumulados no solo através do lixo é indecisa e difícil de estimar, uma vez que os MPs podem ser apresentados ao solo a partir de outros locais através de caminhos naturais, como inundações, escoamento e inundações. Outro contribuinte de MP é a cobertura morta de película plástica, que inclui principalmente PE e outros polímeros, como o polibutileno (PB), o policloreto de vinilo (PVC), o PS e o PP, que são utilizados para aumentar o rendimento das culturas. As películas de cobertura morta podem preservar a humidade do solo, alterar a temperatura do solo e inibir o crescimento de sementes (Huang et al., 2020).

medida que a procura de alimentos aumenta a nível mundial, a necessidade de cobertura morta também aumentaria e causaria um perigo superior para as ecologias do solo e, consequentemente, para mais fases tróficas da cadeia alimentar (Huang et al., 2020). Podem ser transportadores de outros contaminantes, como poluentes orgânicos, agentes patogénicos e metais pesados. Para além disso, é difícil remover o mulch das áreas agrícolas devido ao facto de o processo de remoção ser moroso e altamente trabalhoso (Yang et al., 2021). A questão aumenta quando o mulch é sujeito à radiação UV, uma vez que os grandes fragmentos de mulch se tornam fotodegradáveis e frágeis (Yang et al., 2021). O corte mecânico atribuível à agricultura e a exposição a circunstâncias climatéricas como o degelo ou o congelamento, causam degradação e, consequentemente, resultam na preservação do solo. (Piehl et al., 2018).

As lamas de depuração constituídas por microesferas de produtos de limpeza e cosméticos são uma das principais causas da poluição do solo por MPs. Isto acontece devido à descarga inadequada de MPs no ambiente de drenagem. Os MPs acabam por ir parar às ETARs (Franco et al., 2023). Deve ser observado que as ETARs não conseguem remover com precisão os microplásticos das águas residuais, mas são principalmente detidos quando as águas residuais passam por várias fases de tratamento (Franco et al., 2023). Foi determinado pelo Instituto Norueguês de Investigação da Água (NIVA) que cerca de 181 679 012 MPs foram transferidos para as lamas das águas residuais todos os dias (Nizzetto et al., 2016). De acordo com uma investigação do Serviço de Estatística das Comunidades Europeias (ESTAT) em Espanha, realizada em 2023, foi detectado que cerca de 87% (1052,7 mil toneladas) foram utilizados como biossólidos na agricultura, enquanto os resíduos entraram nos aterros. Aproximadamente 40% das lamas de depuração são utilizadas na agricultura apenas na União Europeia, tendo a Espanha reconhecido uma taxa de reciclagem de 65% das suas lamas de depuração como fertilizante (Berg et al., 2020). A investigação dirigida por Berg et al. (2020) indicou que, entre as 16 áreas agrícolas estudadas em Espanha, foi obtida uma média de 5190 MP $kg^{-1}$ em áreas com a aplicação de lamas e cerca de 2030 MP $kg^{-1}$ em áreas sem a aplicação de lamas. É importante observar que a incidência de MPs é definida para cada tipo de polímero, bem como para cada área. Estas questões podem designar as vias, o sumidouro e a fonte de um MP específico, o que poderia reduzir medidas mais específicas para diminuir a produção de MP.

Yoon et al. (2024) recolheram diferentes tipos de solos, incluindo solos perto de estufas ou culturas, parques infantis, parques de estacionamento e jardins, para além de amostras à beira da estrada (Figura 9), e analisaram-nos quanto à existência de MPs. Os resultados revelaram que, nos terrenos agrícolas, foram detectados pedaços de cobertura vegetal de plástico, sacos de fertilizantes e cordel de embalagem. Nos terrenos agrícolas e nas bermas das estradas, foram detectados muitos plásticos e sacos de plástico, incluindo PVC, em maior abundância do que nas florestas e parques. Assim, os seus dados asseguram que a frequência das actividades antropogénicas e agrícolas é um dos principais factores que influenciam a poluição por plásticos.

**Figura 9**: Trado manual e locais de recolha de amostras de solo para este estudo: a Trado manual; b, c Terreno agrícola; d Berma da estrada; e Área residencial; f Parque (Yoon et al., 2024).

Os resultados mostraram que foram identificadas 4987 partículas $kg^{-1}$ na berma da estrada, 1097 partículas $kg^{-1}$ na floresta, 2673 partículas $kg^{-1}$ nos parques, 3646 partículas $kg^{-1}$ na área residencial, 5047 partículas $kg^{-1}$ nas terras agrícolas, respetivamente. Os resultados mostraram que os microplásticos nos solos dos terrenos agrícolas e das bermas das estradas eram significativamente mais elevados do que os das zonas residenciais e dos parques. Os MPs não foram observados em vários pontos da floresta (Tabela 3). Foram detectadas várias formas e cores de MPs, como esferas brancas, fibras verdes e fragmentos pretos (Figura 10), dependendo do tipo de solo utilizado. As quantidades de MPs observadas em solos de áreas agrícolas e beira de estrada apresentaram variações estatisticamente significativas em relação aos solos de floresta, enquanto as quantidades de MPs em regiões residenciais e parques ficaram na faixa intermediária (Figura 11).

**Quadro 3:** Número de microplásticos nos solos (partículas/kg) de acordo com os tipos de utilização dos solos (Yoon et al., 2024).

| Par k | Zona residencial | Floresta | Terras agrícolas | Estrada | Tipo de utilização do solo sítio n.º. |
|---|---|---|---|---|---|
| 525 | 1325 | ND | 5050 | 16,325 | 1 |
| 575 | 2525 | 2250 | 3300 | 9300 | 2 |
| 4925 | 1400 | ND | 1575 | 1025 | 3 |
| ND | 9375 | ND | 12,325 | 2825 | 4 |
| ND | 1125 | ND | 2950 | 2600 | 5 |
| 775 | 9825 | ND | 2000 | 7750 | 6 |
| 7775 | 5250 | 2975 | 9200 | 2275 | 7 |
| 550 | 3575 | 2350 | 7650 | 1250 | 8 |
| 7250 | 275 | 425 | 2500 | 675 | 9 |
| 5075 | 4325 | 2975 | 3925 | 5850 | 10 |
| 1950 | 1775 | - | 8625 | - | 11 |
| - | 2975 | - | - | - | 12 |
| 29,4 00 | 43,750 | 10,975 | 59,100 | 49,875 | Total |
| 2673 | 3646 | 1097 | 5047 | 4987 | Média |

*ND* não detectado

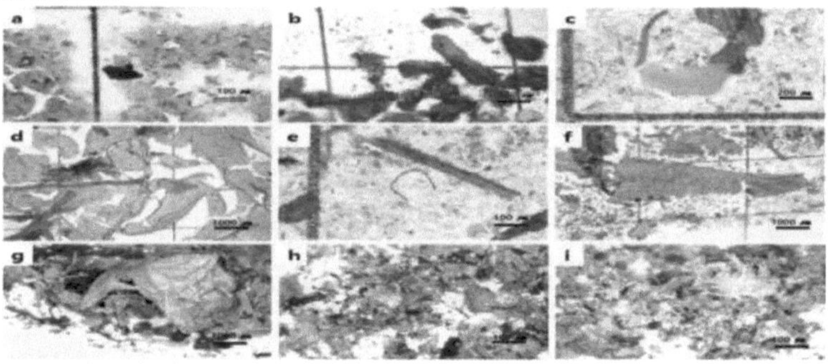

**Figura 10:** Microplásticos no solo: a-c fragmento; d, e fibra; f filme; g-i Imagens de microplásticos ligados à matéria orgânica do solo (Yoon et al., 2024).

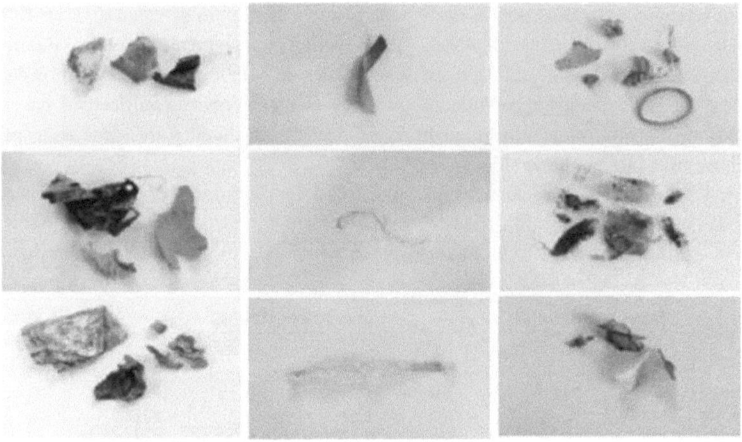

**Figura 11:** Mesoplásticos no solo (Yoon et al., 2024).

### *1.5. Fontes das PM na aquicultura*

A contaminação por microplásticos é predominante nos produtos da aquicultura e no ambiente aquícola a nível mundial, o que tem efeitos graves. As causas da contaminação por microplásticos na aquicultura podem ser agrupadas em MPs introduzidos através do processo de aquicultura e MPs provenientes do ambiente exterior (incluindo rio, atmosfera e terra). A Figura 12 e 13 representa os meios através dos quais os MPs chegam aos ambientes de aquicultura.

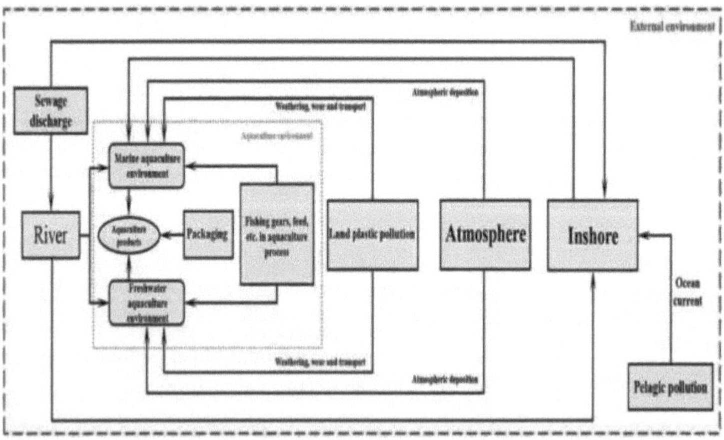


**Figura 12:** Formas de introdução de microplásticos em ambientes de aquacultura e produtos de aquacultura (Wu et al., 2023).

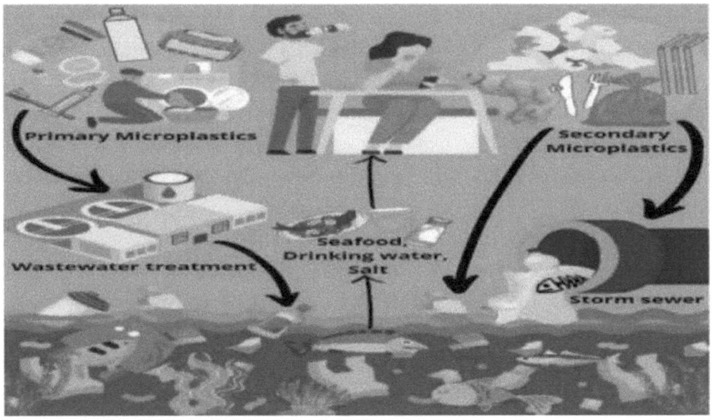

**Figura 13:** Origem do microplástico no ambiente aquático e como entra na cadeia alimentar (Wu et al., 2023).

### *1.5.1. Microplásticos provenientes do ambiente externo (fluvial, marinho, terrestre e atmosférico)*

As fontes de MPs fluviais incluem actividades humanas, atividade agrícola, estações de tratamento de águas residuais e efluentes industriais, etc. (Kumar et al., 2021). No que respeita às águas residuais industriais, as águas residuais têxteis são a principal causa de contaminação com microplásticos fibrosos. Existem MPs nas águas residuais resultantes de uma região industrial têxtil na cidade de Shaoxing e na China, com efeitos no ecossistema local de água doce, a concentração de MPs em amostras de águas superficiais na área de águas próximas foi de 2,1-71,0 itens/L, enquanto foi de 16,7-1323,3 itens/kg (d.w) em amostras de sedimentos (Deng et al., 2020). Além disso, existe uma quantidade definida de MPs nas águas residuais das indústrias alimentares, de embalagens e automóvel (Gundogdu et al., 2018). As ações humanas também descarregam microplásticos no ambiente. Os MPs são adicionados aos produtos de consumo diário, incluindo champô, pasta de dentes e cosméticos (Jiang, 2018). A lavagem de roupas de fibra sintética todos os dias também é uma fonte de MPs.

Os MPs irão para o rio com as águas residuais domésticas. Os dois tipos de esgotos mencionados constituirão a fonte não pontual de contaminação dos MPs do rio através da libertação direta das zonas residenciais e industriais ao longo do rio, embora as águas residuais provenientes das grandes zonas industriais e das cidades se encontrem, na sua maioria, em estações de tratamento de esgotos, o que levou a que a estação de tratamento de esgotos reunisse fontes complexas de microplásticos e se tornasse uma fonte pontual das suas emissões.

Embora o atual processo de tratamento de águas residuais tenha um impacto definitivo no tratamento dos MP, a quantidade de MP que entra nos rios é elevada em resultado da enorme libertação de águas residuais (Sun et al., 2019). Investigações de efluentes de 3 estações de tratamento de águas residuais na Austrália revelaram que cerca de $22{,}1 \times 10^6$ a $133 \times 10^6$ MPs são libertados diariamente com as águas residuais após o tratamento (Ziajahromi et al., 2021). Há um grande número de produtos de plástico utilizados na produção agrícola, incluindo tubagens, películas de plástico, etc. A degradação destes plásticos produz MPs, que são transferidos para os rios através da chuva e do vento. A utilização de tubos de plástico para irrigação é conhecida como uma fonte de MPs no rio Ombrone (Guerranti et al., 2017). A presença destas vias provoca uma elevada concentração de MPs nos rios. Prevê-se que sejam detetadas anualmente cerca de 1,2 x 105 toneladas e 3,3 x 105 toneladas de plásticos nas bacias do rio Ganges e do rio Yangtze (Lebreton et al., 2017). A capacidade de MPs no rio Dafeng, nas proximidades da criação de ostras estabelecida ao longo da costa, foi de 8,3 x $10^8$ partículas/ano (Liu et al., 2021). Uma vez que a água marinha e a água doce estão intimamente ligadas aos rios, os MPs nos rios têm uma vasta gama de influências nos ambientes de aquicultura.

Várias investigações revelaram que a poluição por MPs das regiões de aquacultura em zonas costeiras e estuários é acompanhada por uma elevada abundância de MPs nos rios locais (Lam et al., 2022). Assim, os rios como uma fonte essencial de contaminação por MP na aquicultura devem ser estudados seriamente. Estima-se que 92 % de 5,25 biliões de partículas no meio marinho universal são MPs (Eriksen et al., 2014). A contaminação marinha por MPs tem um risco grave para a aquacultura marinha. Conforme relatado, 4,8-12,7 milhões de toneladas métricas de resíduos plásticos chegam ao mar a partir de terra apenas em 2010 (Jambeck et al., 2015). Os MPs sobrecarregados pelos rios são fontes significativas de MPs no meio marinho. Estima-se que entre 1,15 e 2,41 milhões de toneladas métricas de resíduos plásticos por ano são transportados para o meio marinho a partir dos rios (Lebreton et al., 2017).

Estes resíduos de plásticos descarregados no ecossistema marinho provocam a produção de grandes quantidades de MPs. Nas regiões costeiras, o transporte marítimo, a indústria marinha, o turismo de lazer, o comércio e a pesca também provocam a produção de grandes quantidades de MPs que são libertados no ecossistema marinho (Cole et al., 2011). Estes MPs representam um perigo para a aquacultura. Além disso, o progresso da indústria naval também aumentou a poluição por MPs no ecossistema marinho. O desgaste da pintura, os resíduos de plástico e as fatias de plástico no casco, produzirão MPs (Food and Nations, 2018). De acordo com as estatísticas, a libertação de MPs dos navios de cruzeiro propõe 100 000 toneladas de MPs todos os anos (Van Sebille et al., 2015).

A contaminação por MPs criada pela indústria do transporte marítimo será transmitida através da corrente marítima e terá impacto na aquicultura costeira. Além disso, foi relatado que cerca de 15% dos MPs nas zonas costeiras e a flutuação oceânica são uma fonte vital de MPs na aquicultura costeira (Yang et al., 2021). Este facto é revelado pela contaminação por MPs de explorações de água do mar no mar de Maowei, no mar de Bohai e no mar Amarelo (Zhu et al., 2021). Os MPs provenientes diretamente da terra em aquacultura são principalmente derivados de resíduos próximos do ambiente aquícola.

Os resíduos de plástico resultarão em um grande número de contaminantes MPs através da decomposição fotocatalítica e intemperismo no procedimento de empilhamento (Hartmann et al., 2019). Nessa altura, estes MPs serão transmitidos ao ambiente da aquacultura através de vários meios, como a chuva e o vento (Dong et al., 2021). Por exemplo, foi observada uma alta distribuição (90,7 ± 17,4 partículas/L e 103,8 ± 20,7 partículas/L) de MPs devido à coleta de lixo nas piscinas de aquicultura de Muara Kamal e Marunda (Priscilla e Patria, 2019) e a ocorrência de MPs foi observada na atmosfera (Allen et al., 2019). Os MPs têm o risco de entrar no ambiente de aquicultura através da sedimentação atmosférica. A investigação mostra que os MPs no resultado atmosférico para a cidade se estendem de 175 a 313 partículas/$m^2$ /dia (Cai et al., 2017).

Embora o número de MPs que chegam ao meio aquícola por esta via seja restrito, a sua acumulação também terá impacto na aquicultura. Para além da sedimentação atmosférica normal, as condições meteorológicas extremas também têm impacto na distribuição de MPs no meio aquícola. Por exemplo, o tufão pode aumentar a ocorrência de MPs no ambiente aquícola, transferindo MPs terrestres e descarregando MPs em depósitos de água (Wang et al., 2019). A investigação detetou que o tufão aumentou a abundância de MPs no sedimento do ambiente de maricultura da Baía de Sanggou em cerca de 40 % (Wang et al., 2019).

### *1.5.2. Artes de pesca de plástico, alimentação e embalagem de produtos da aquicultura*

As máquinas de pesca utilizadas na aquacultura irão certamente introduzir MPs na área da aquacultura. As redes, bolas flutuantes, cordas de pesca, desgaste, erosão, desgaste e alguns produtos plásticos utilizados para bolas flutuantes e cultura em gaiolas podem introduzir MPs (Food and Nations, 2018). A degradação catalítica UV acelerará o processo de poluição (Song et al., 2017). A corda trançada, o filamento e a corda torcida são amplamente utilizados na aquicultura e podem produzir entre 0,78 e 6,39 ± 2,33 $cm^3$ de volume de plástico avaliado para cada metro de praia (Wright et al., 2021b). Uma investigação sobre a aquicultura marinha costeira em Weihai, na China, mostrou que a quantidade de MPs nas áreas de maricultura era de 11,49 partículas/m, muito maior do que noutras zonas (1,57 partículas/m) (Zhang et al., 2021b). A exposição do plástico à subida de caranguejos, lagostins e à luz solar favorece a produção de MPs (Xiong et al., 2021).

As jangadas de ostras preparadas a partir de espuma também produzem MPs sob o efeito do intemperismo e da corrente de água (Chen et al., 2022). No processo de produção de salmão no Chile, são utilizadas cordas, polímeros flutuantes e sacos de ração, que podem descarregar MPs no ambiente aquícola (Jorquera et al., 2022). Ao mesmo tempo, as artes de pesca perder-se-iam na aquicultura ou cairiam das cordas (Chen et al., 2018), etc. Estes mecanismos de pesca podem surgir sem restrições na zona de aquacultura e causar poluição por MPs à aquacultura (Food and Nations, 2018). A farinha de camarão e a farinha de peixe são constituintes alimentares de elevado teor proteico na aquicultura, principalmente a partir de camarão e de peixes selvagens capturados. Devido à ocorrência generalizada de contaminação por MPs, o camarão e o peixe selvagem como alimento poluído introduzirão MPs no habitat da aquicultura através do processo de alimentação (Zhou et al., 2021).

Aproximadamente 12,9 mg/kg de poliéster, 50-100 mg/kg de poliolefinas altamente oxidadas e 50-100 mg/kg de poliestireno foram detetados em farinha de peixe proveniente de Itália (Castelvetro et al., 2021a,b). Hanachi et al. (2019) referiram que os MP estavam presentes em 4 tipos de farinha de peixe e que a sua quantidade estava positivamente relacionada com a dos MP em carpas cultivadas. Além disso, foram detetados 5,4 n/100 g e 10,7 n/100 g de MPs, respetivamente, em farinhas de peixe e camarão de 5 países (Yao et al., 2021). A embalagem é o último procedimento para que os produtos da aquacultura deixem o ambiente aquícola. As caixas de poliestireno expandido, as caixas de plástico ondulado e os tabuleiros de plástico são embalagens habitualmente utilizadas para os produtos da aquicultura (Skirtun et al., 2022).

Os relatórios revelaram que as fibras de MP podem ser produzidas a partir de embalagens de plástico de alguns materiais (Du et al., 2020). As embalagens de poliestireno também resultariam na contaminação da truta arco-íris com MP (Alak et al., 2021). Além disso, a má gestão e o envelhecimento de produtos plásticos, como aventais de borracha, luvas de borracha e sapatos de borracha utilizados por praticantes de aquicultura, desencadearão a poluição de MPs em regiões de aquicultura. Como se pode ver nos quadros 4 e 5, os MP são abundantes nos sedimentos e nas águas de aquicultura e as suas principais fontes estão estritamente correlacionadas com os ambientes sociais e naturais. Por exemplo, considera-se

que a elevada existência de MPs em explorações de pepinos-do-mar perto da Baía de Laizhou, no Mar de Bohai, está relacionada com vinte e três rios que introduzem água na Baía de Laizhou. Estes rios recolhem as águas residuais das actividades urbanas e agrícolas e das indústrias costeiras, causando a acumulação de MP na Baía de Laizhou (Zhang et al., 2012).
As pequenas áreas residenciais e industriais perto da região de aquacultura da Tailândia, o estuário do rio e o Chao Phraya aumentaram a existência de microplásticos nas proximidades (Ta e Babel, 2020). Também se pode ver nas Tabelas 4 e 5 que os MP fibrosos foram quase universalmente notados em todos os arredores da aquicultura, e prevê-se que o envelhecimento dos mecanismos de pesca de plástico, incluindo as redes de pesca, seja uma causa vital para as fibras (Food and Nations, 2018). Além disso, os tipos de microplásticos de polietileno e polipropileno estão amplamente distribuídos, o que está relacionado com a eliminação inadequada de produtos plásticos como garrafas, filmes, sacos de plástico e artes de pesca, etc. (Shim et al., 2018).
Pode concluir-se dos Quadros 3 e 4 que a proliferação de microplásticos tem um grande impacto nos produtos da aquicultura a nível mundial. A acumulação de MPs causada pelas actividades de aquicultura em áreas de aquicultura de água doce semi-fechadas ou fechadas é óbvia. Por exemplo, na aquicultura de enguias do pântano asiático, foi demonstrado que a água pré-cultivada é mais baixa do que a água pós-cultivada nos arredores (Lv et al., 2020). Além disso, o ambiente de aquacultura semi-fechado ou fechado aumenta a probabilidade de ingestão de MPs em produtos de aquacultura. Os produtos da aquicultura absorvem MPs através da pele, das brânquias e do sistema digestivo (Ma et al., 1998). Assim, a abundância de MPs nos produtos da aquicultura selvagem é menor do que nos produtos da aquicultura. Por exemplo, um estudo mostrou que a abundância de MPs em mexilhões selvagens é menor do que em mexilhões cultivados (Mathalon e Hill, 2014). Também foi demonstrado que as caraterísticas e propriedades das MPs em produtos de aquacultura estão extremamente correlacionadas com as MPs no ambiente de aquacultura. Por exemplo, as MPs de fibra que existem extensivamente em ambientes de aquacultura também ocorrem em produtos de aquacultura (Ta e Babel, 2020).
A comparação das várias propriedades dos MPs no solo e no ambiente aquático ajudaria a indicar algumas caraterísticas da distribuição e das fontes de MPs (Yang et al., 2021). No entanto, as semelhanças são óbvias porque ambos os MP (solo e marinho) compreendem as mesmas morfologias físicas e químicas (Eerkes-Medrano et al., 2015). Além disso, as investigações mostraram que o polipropileno (PP) e o polietileno (PE) são os principais polímeros nas matrizes, sendo as formas de fragmentos e fibras as mais frequentemente detetadas em ambos os ambientes (Akdogan e Guven, 2019). Da mesma forma, as cores que dominam o solo e a biota aquática são microplásticos brancos e transparentes. Feng et al., (2020) afirmaram que os MPs transparentes eram o principal tipo (46,3%) existente no solo cultivado em toda a província de Yunnan, na China.
Uma possibilidade para explicar a existência de tais consistências, para além do branqueamento de plásticos coloridos, é que os MPs entrariam em ambos os sumidouros através de fontes e vias semelhantes (Li et al. 2020). No entanto, Yang et al. (2021) opuseram-se a esta observação e salientaram a ausência de investigações suficientes que pudessem mostrar as interligações das vias. No seguimento destas afirmações, Du et al. (2020) corroboraram que, para além das inconsistências dos métodos analíticos aplicados em ambientes marinhos e no solo, existem diferentes métodos utilizados na amostragem e filtragem de ambas as matrizes.

As amostras de água são recolhidas em coluna através de filtragem ou rede de plâncton. Isto é expressivamente diferente dos procedimentos de amostragem de MPs do solo, onde a filtragem nem sequer é utilizada (Akdogan e Guven, 2019). Além disso, o equipamento utilizado para a deteção restringiu a eficácia da operação, uma vez que alguns ensaios observaram quantidades elevadas de MP com menos de 1 mm em ambas as matrizes (Yang et al., 2021). Além disso, foi detectado que, devido a estes limites e variações de deteção, a maioria dos erros resultantes da avaliação e do processo dos dados recolhidos foi melhorada (Dris et al., 2017). A partir dos Quadros 4 e 5, pode concluir-se que a propagação de MPs tem uma influência abrangente nos produtos da aquicultura global.

**Quadro 4:** Poluição por microplásticos em ambientes de aquacultura marinha (Wu et al., 2023)

| Sítio | Fonte | Abundância | Forma | Composição principal | Referências |
|---|---|---|---|---|---|
| Baía de Xiangshan, China | Sedimentos marinhos | 73,94 ± 30,43 artigos/kg d.w. | Fibras | RY, PP, PA, AN, PET | Wu et al., 2020 |
| Península de Shandong, China | Água do mar | 0,27 ± 0,14 itens/m2 (T0) | Fragmentos e películas de fibras | PE, PP | Sui et al., 2020 |
| O Mar Amarelo e o Mar de Bohai, China | Sedimentos | 2.8 ± 1.30-46.8 ± 4,81 unidades por 50 g | Fibras, fragmentos e películas | Celofane, PET, PE | Mohsen et al., 2019 |
| Mar de Maowei, Golfo de Beibu, China | Água do mar | 1.47-7.61 partículas/L | Fibras, espumas e películas | PET, POM, PE | Zhu et al., 2021 |
| Lagoas cultivadas na Baía de Longjiao, no sudeste da China | Água do mar | Valor médio de 1594 ± 1352 partículas/m3 | Fibras, grânulos, fragmentos, espumas e películas | PE, PET, PS | Chen et al., 2020 |
| Baía de Zhanjiang, China | Água do mar | 0 n/m3 a 2,65 n/m3 | Fragmentos, películas, espumas, fibras e grânulos | PE, PP, EPS, olefina e borracha | Chen et al., 2022 |

**Quadro 5:** Poluição por microplásticos em produtos da aquacultura não marinha (Wu et al., 2023)

| Sítio | Fonte | Abundância | Forma | Principal composição | Referências |
|---|---|---|---|---|---|
| Estações de cultura de peixe-arroz em Chongming, Xangai, China | Enguia, loach e lagostim | Água doce | abundância média 1,7 ± 0,5 itens/indivíduo | Fibras | PE, PP | Lv et al., 2019 |
| Os reservatórios de água potável da cidade de Bloomington, | Sável de Izzard e robalo | Água doce | 1 a 49/No. Peixe | - | - | Hurt et al., 2020 |
| Região da Huíla, Colômbia | *Oreochromis niloticus* | Água doce | 44 % das amostras contêm microplásticos | Fragmentos, películas e fibras | PET, PES, PE, PP | Garcia et al., 2021 |
| Lagoas de cultivo de pérolas da Polinésia Francesa | Ostras de pérola | Água da lagoa | 23,0 ± 20,7 a 137,6 ± 89,4 PM/indivíduo | Fragmentos e fibras | PP, PE, PS, PET e EVA | Gardon et al., 2021 |
| Estação de reprodução de cocultura de arroz e lagostim, província de Hubei, China | Lagostins | Água doce Água da lagoa | 23,0 ± 20,7 a 137,6 ± 89,4 PM/indivíduo | Pigmentos e fibras Principalmente fragmentos | PP:PE, PE e celulose | Zhang et al., 2021a |

## 1.6. Mecanismos de transporte de microplásticos para o meio marinho

Os MP podem entrar no ecossistema aquático através de vários mecanismos de transporte. A figura 14 apresenta algumas formas de transmissão dos MP secundários para o meio marinho.

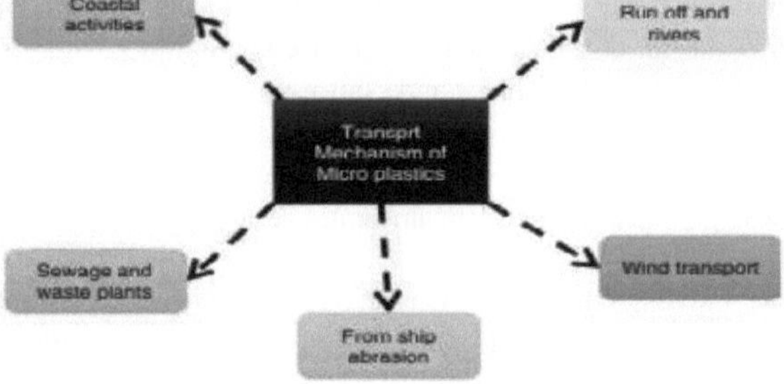


**Figura 14:** Uma visão geral do mecanismo de transporte de microplásticos

### *1.6.1. Rios e escoamento*

Os MP podem ser transmitidos ao ecossistema aquático através do escoamento superficial de zonas industriais, terrenos agrícolas e zonas urbanas. A água da chuva transporta os MPs destes locais para ribeiros e rios, que finalmente são libertados no oceano. Os rios representam os principais caminhos para o transporte de MPs, principalmente em locais densamente contaminados ou áreas que exibem ações industriais elevadas (Whitehead et al., 2021).

### *1.6.2. Transporte eólico*

Os MP, particularmente os resíduos leves, podem ser transmitidos a longas distâncias através do vento. Estes MPs podem ser transportados pelo ar através de vários recursos, por exemplo, poeira de locais de resíduos de plástico, ressuspensão de MPs de sedimentos desidratados, erosão das linhas costeiras, detritos de plástico, ou uma ocasião na atmosfera, o transporte deles pode ocorrer através do vento e, em seguida, cair no ecossistema aquático através de precipitação atmosférica (Issac e Kandasubramanian 2021; Wojnowska-Baryla et al. 2022).

### *1.6.3. Esgotos e águas residuais*

As MP podem entrar no ecossistema aquático através de descargas de águas residuais e esgotos. Vários produtos de higiene pessoal, como pastas de dentes, esfoliantes e produtos de limpeza facial, contêm esférulas de MP. Quando estes produtos são utilizados e salpicados, as MP podem chegar às estações de tratamento de águas residuais através dos sistemas de esgotos. No entanto, as estações de tratamento não estão planeadas para deter eficazmente os MP, permitindo que estes se depositem nas águas costeiras ou nos rios (Cristaldi et al., 2020; Adetunji et al., 2023).

### *1.6.4. Actividades costeiras*

As zonas costeiras são pontos críticos de poluição por microplásticos devido a várias actividades humanas. Os resíduos de plástico existentes nas praias, as actividades recreativas, a corrosão costeira de substâncias plásticas, a pesca e a navegação contribuem para a introdução de MPs no ecossistema marinho. A ação das marés e das ondas pode ainda transportar estas partes para o largo, distribuindo os MPs por uma zona mais vasta (Fiore et al., 2022).

### *1.6.5. Transporte marítimo*

As acções de transporte marítimo também podem contribuir para o transporte de MP. Os navios de pesca e os grandes navios de carga podem criar resíduos ou perder substâncias de plástico, que podem fragmentar-se ao longo do tempo e libertar MPs no ecossistema aquático. Os MP gerados pelos navios podem ser transmitidos através de vastos espaços, nomeadamente ao longo das principais vias de navegação (Kalnina et al., 2022). É importante observar que, uma vez que as MP entram no ecossistema aquático, podem ser transportadas por longos espaços através das correntes oceânicas, causando uma disseminação extensiva nos oceanos. Além disso, os MP podem também ser consumidos por organismos marinhos e depois chegar à cadeia alimentar, causando potenciais perigos para a saúde humana e os ecossistemas marinhos. As acções para diminuir a contaminação por plásticos e desenvolver práticas de gestão de resíduos são vitais para mitigar a acumulação e o transporte de MPs no ecossistema aquático (Yang et al., 2021).

**REFERÊNCIAS**

Adetunji, CO., Olaniyan, O.T., Singh, KRB., Bodunrinde, R.E., Inobeme, A., Mathew, J.T., Ogundolie, A.F., Akinbo, O., Singh, J., Nayak, V., Singh, R.P., 2023. Aplicações da nanofiltração para o tratamento de águas residuais. In: Bio-nano filtração no tratamento de efluentes industriais. CRC-Taylor and Francis, 139-152.

Akdogan, Z., Guven, B. , 2019. Microplásticos no ambiente: uma revisão crítica da compreensão atual e identificação de futuras necessidades de investigação". Environ Pollut. 254, 113011.

Alak, G., K "okturk, M., Atamanalp, M., 2021. Avaliação de diferentes métodos de embalagem e temperatura de armazenamento na abundância de MPs e na qualidade dos filetes de truta arco-íris. J. Hazard. Mater. 420, 126573

Allen, S., Allen, D., Phoenix, V.R., Le Roux, G., Jimenez, P.D., Simonneau, A., Binet, S., Galop, D., 2019. Transporte atmosférico e deposição de microplásticos em uma bacia hidrográfica remota da montanha. Nat. Geosci. 12, 339-344.

Almroth, B.M.C., Astrom, L., Roslund, S., Petersson, H., Johansson, M., Persson, N.K., 2018. Quantificação do derramamento de fibras sintéticas de têxteis; uma fonte de microplásticos liberados no meio ambiente. Environ Sci Pollut Res 25, 1191-1199.

Alomar, C., Estarellas, F., Deudero, S., 2016. Microplásticos no Mar Mediterrâneo: Deposição em sedimentos rasos costeiros, variação espacial e tamanho de grão preferencial. Marine Environ Res. 115, 1-10.

Anónimo, 2023 De onde vêm os microplásticos? https://encounteredu.com/multimedia/ images/sources-of-microplastics. Acedido em 19 de junho de 2023

Auta HS, Emenike CU, Fauziah SH., 2017. Distribuição e importância dos microplásticos no ambiente marinho: uma revisão das fontes, destino, efeitos e potenciais soluções. Environ Int. 102, 165-176.

Barchiesi, M., Chiavola, A., Di Marcantonio, C., Boni, M.R., 2021. Presença e destino de microplásticos nas fontes de água: foco no papel das estações de tratamento de águas residuais e de água potável. J. Wat. Proc. Eng. 40, 101787.

Beriot, N., Peek, J., Zornoza, R., Geissen, V., Lwanga, E.H., 2021. Microplásticos de baixa densidade detectados em fezes e solo de ovelhas: Um estudo de caso da agricultura intensiva de vegetais no sudeste da Espanha. Sci Total Environ. 755, 142653.

Berg P M., Huerta-Lwanga, E., Corradini , F., Geissen, V., 2020. Aplicação de lamas de depuração como veículo de microplásticos em solos agrícolas do leste de Espanha. Environ. Pollut. 261, 114198.

Blasing, M., Amelung, W., 2018. Plásticos no solo: métodos analíticos e possíveis fontes. Sci

Total Environ. 612, 422-435.
Boucher, J Friot D., 2017. Microplásticos primários nos oceanos: uma avaliação global das fontes. [Em linha] IUCN. Disponível em: https:// porta ls. iucn. org/ libra ry/ sites/ libra ry/ files/ docum ents.
Cai, L., Wang, J., Peng, J., Tan, Z., Zhan, Z., Tan, X., Chen, Q., 2017. Caraterística de microplásticos na precipitação atmosférica da cidade de Dongguan, China: pesquisa preliminar e primeira evidência. Environ. Sci. Pollut. Res. 24, 24928-24935.
Calero, M., et al., 2021. Estratégias verdes para a redução de microplásticos. Curr. Opin Green Sust. Chem. 28,
Castelvetro, V., et al., 2021a. Microplásticos em farinha de peixe: Nível de contaminação analisado por tipo de polímero, incluindo poliéster (PET), poliolefinas e poliestireno. Environ. Pollut. 273, 115792.
Castelvetro, V., Corti, A., Bianchi, S., Giacomelli, G., Manariti, A., Vinciguerra, V., 2021b. Desenvolvimento e otimização de um método padrão para extração de microplásticos em mexilhões por digestão enzimática de tecidos moles. Environ. Toxicol. Chem. 36, 947-951.
Chen, C. L., Kuo, P. H., Lee, T,C., Liu, C.H., 2018. Linhas de neve nas linhas costeiras: resolvendo detritos marinhos de bóias de isopor da cultura de ostras em Taiwan. Ocean Coast. Manag. 165, 346-355.
Chen, F., Lao, Q., Liu, M., Huang, P., Chen, B., Zhou, X., Chen, P., Chen, K., Song, Z., Cai, M., 2022. Impacto das atividades de maricultura intensiva na poluição por microplásticos em uma baía semifechada típica: Baía de Zhanjiang. Mar. Pollut. Bull. 176, 113402.
Chen, G., et al., 2020. Uma visão geral dos métodos analíticos para a deteção de microplásticos na atmosfera. TrAC Trends Anal. Chem. 130, 115981.
Cole, M., Lindeque, P., Halsband, C., Galloway, T.S., 2011. Microplásticos como contaminantes no ambiente marinho: A review. Mar. Pollut. Bull. 62, 2588-2597.
Cristaldi, A., Fiore, M., Zuccarello, P., Oliveri Conti, G., Grasso, A., Nicolosi, I., Copat, C., Ferrante, M., 2020. Eficiência das estações de tratamento de águas residuais (ETAR) na remoção de microplásticos: uma revisão sistemática. Int J Environ Res Public Health 17(21), 8014.
Danopoulos, E., Jenner, L.C., Twiddy, M., Rotchell, J.M., 2020. Contaminação microplástica de frutos do mar destinados ao consumo humano: uma revisão sistemática e meta-análise. Environ. Health Pers. 128(12), 126002.
Deng, H., Wei, R., Luo, W., Hu, L., Li, B., Di, Y.N., Shi, H., 2020. Poluição por microplásticos na água e sedimentos numa zona industrial têxtil. Environ. Pollut. 258, 113658.
Dong, H., Wang, L., Wang, X., Xu, L., Chen, M., Gong, P., Wang, C., 2021. Microplásticos numa bacia lacustre remota do Planalto Tibetano: Impactos do transporte atmosférico e do derretimento glacial. Environ. Sci. Technol. 55, 12951-12960.
Dris R, Gasperi J, Mirande C, Mandin C, Guerrouache M, Langlois, 2017. Uma primeira visão geral das fibras têxteis, incluindo microplásticos, em ambientes internos e externos. Environ Pollut. 221, 453-458.
Dris, R., et al., 2016. Fibras sintéticas na precipitação atmosférica: uma fonte de microplásticos no ambiente? Mar. Pollut. Bull. 104 (1-2), 290-293.
Du, F.N., Cai, H.W., Zhang, Q., Chen, Q.Q., Shi, H.H., 2020. Microplásticos em recipientes de comida para viagem. J. Hazard. Mater. 399.
Duis, K., Coors, A., 2016. Microplásticos no ambiente aquático e terrestre: fontes (com um

foco específico em produtos de cuidados pessoais), destino e efeitos. Environ Sci Eur 28:1-25.
Eerkes-Medrano, D., Thompson, R.C., Aldridge, D.C., 2015. Microplastics in freshwater systems: a review of the emerging threats, identification of knowledge gaps and prioritisation of research needs (Microplásticos em sistemas de água doce: uma revisão das ameaças emergentes, identificação de lacunas de conhecimento e priorização das necessidades de investigação). Water Res. 75, 63-82.
Enyoh, C.E., Verla, A.W., Verla, E.N., Ibe, F.C., Amaobi, C.E., 2019. Microplásticos transportados pelo ar: um estudo de revisão sobre o método de análise, ocorrência, movimento e riscos. Environ. Mon. Assess. 191 (11). 668.
Eriksen, M., Lebreton, L.C.M., Carson, H.S., Thiel, M., Moore, C.J., Borerro, J.C., Galgani, F., Ryan, P.G., Reisser, J., 2014. Plastic pollution in the world's oceans: Mais de 5 triliões de peças de plástico, pesando mais de 250 000 toneladas, flutuam no mar. PLoS One 9.
Fadare, O.O. Okoffo, E.D., 2020. Máscaras faciais Covid-19: Uma fonte potencial de fibras microplásticas no meio ambiente. Sci Total Environ. 737, 140279.
Feng, S., Lu, H., Tian, P., Xue Y, Lu, J., Tang, M., Feng, W., 2020.Analysis of microplastics in a remote region of the Tibetan plateau: implications for natural environmental response to human activities. Sci Total Environ. 739, 140087-140087.
Fiore, M., Fraterrigo Garofalo S., Migliavacca, A., 2022. Combater a poluição marinha por microplásticos: uma visão geral das soluções existentes. Water Air Soil Pollut. 233, 276.
Food and Nations, A.O. o t U., 2018. O Estado Mundial das Pescas e da Aquicultura 2018. Nações Unidas.
Franco, A.A., Martin-Garcia, A.P., Egea-Corbacho, A., Arellano, J.M., Albendin, G., Rodriguez-Barroso, R., Quiroga, J.M., Coello, M.D., 2023. Avaliação e acumulação de microplásticos em lamas de depuração em estações de tratamento de águas residuais localizadas em Cádis, Espanha. Environ Pollut 31, 120689.
Garcia, A.G., Su'arez, D.C., Li, J., Rotchell, J.M., 2021. Uma comparação da contaminação por microplásticos em peixes de água doce de fontes naturais e cultivadas. Environ. Sci. Pollut. Res. 28, 14488-14497.
Gardon, T., El Rakwe, M., Paul-Pont, I., Le Luyer, J., Thomas, L., Prado, E., Boukerma, K., Cassone, A.-L., Quillien, V., Soyez, C., Costes, L., Crusot, M., Dreanno, C., Le Moullac, G., Huvet, A., 2021. Contaminação de microplásticos em lagoas de cultivo de pérolas da Polinésia Francesa. J. Hazard. Mater. 419, 126396.
Gasperi, J., 2015. Primeira visão geral dos microplásticos no ar interior e exterior. 15ª Conferência Internacional EuCheMS sobre Química e Ambiente Leipzig, Alemanha.
Gasperi J., Wright S.L., Dris R., Collard F., Mandin C., Guerrouache M., Langlois V., Kelly F.J., Tassin B., 2018. Microplásticos no ar: estamos a respirá-lo? Curr. Opin. Environ. Sci. Health 1, 1-5.
Geyer, R., Jambeck, J.R., Law, K.L., 2017. Produção, utilização e destino de todos os plásticos alguma vez produzidos. Sci Adv. 3(7), e1700782-e1700782
Good, T.P. June, J.A., Etnier, M.A., Broadhurst, G., 2010. Redes de pesca abandonadas em Puget Sound e no Estreito do Noroeste: Padrões e ameaças à fauna marinha. Mar Pollut Bull. 60, 39-50.
Guerranti, C. et al., 2019. Microplásticos em cosméticos: Questões ambientais e necessidades de proibições globais. Environ Toxicol Pharmacol. 68, 75-79.
Guerranti, C., Cannas, S., Scopetani, C., Fastelli, P., Cincinelli, A., Renzi, M., 2017. Lixo plástico em ambientes aquáticos do Parque Regional de Maremma (Mar Tirreno, Itália):

Contribuição do rio Ombrone e níveis nos sedimentos marinhos. Mar. Pollut. Bull. 117, 366-370.
Gundogdu, S., Cevik, C., Guzel, E., Kilercioglu, S., 2018. Microplásticos em estações de tratamento de águas residuais municipais na Turquia: uma comparação das concentrações de influentes e efluentes secundários. Environ. Monit. Assess. 190.
Hanachi, P., Karbalaei, S., Walker, T.R., Cole, M., Hosseini, S.V., 2019. Abundância e propriedades dos microplásticos encontrados na farinha de peixe comercial e na carpa comum cultivada (*Cyprinus carpio*). Environ. Sci. Pollut. Res. 26, 23777-2378.
Hartmann, N.B., Huffer, T., Thompson, R.C., Hassell'ov, M., Verschoor, A., Daugaard, A. E., Rist, S., Karlsson, T., Brennholt, N., Cole, M., Herrling, M.P., Hess, M.C., Ivleva, N. P., Lusher, A.L., Wagner, M., 2019. Estamos a falar a mesma língua? Recomendações para uma estrutura de definição e categorização de detritos plásticos. Environ. Sci. Technol. 53, 1039-1047.
Huang, Y., Liu, Q., Jia, W., Yan, C., Wang, J., 2020. Mulching de plástico agrícola como fonte de microplásticos no ambiente terrestre". Environ Pollut. 260,114096
Hurt, R., O'Reilly, C.M., Perry, W.L., 2020. Prevalência de microplástico em duas espécies de peixes em dois reservatórios dos EUA. Limnol. Oceanogr. Lett. 5, 147-153.
Issac, M. N., Kandasubramanian, B., 2021. Efeito dos microplásticos na água e nos sistemas aquáticos. Environ Sci Pollut Res Int. 28(16), 19544-19562.
Jambeck, J.R., Geyer, R., Wilcox, C., Siegler, T.R., Perryman, M., Andrady, A., Narayan, R., Law, K.L., 2015. Plastic waste inputs from land into the ocean. Science. 347, 768771.
Jorquera, A., Castillo, C., Murillo, V., Araya, J., Pinochet, J., Narv'aez, D., Pantoja-Guti'errez, S., Urbina, M.A., 2022. Fatores físicos e antropogénicos que moldam a distribuição espacial de microplásticos nos sedimentos marinhos dos fiordes chilenos. Sci. Total Environ. 814, 152506.
Karbalaei S., Golieskardi , A., Hamzah , B H., , Abdulwahid, S., Hanachi , P., R. Walker , T.R., Karam, A., 2019. Abundância e caraterísticas de microplásticos em peixes marinhos comerciais da Malásia. Mar Pollut Bull148, 5-15.
Klein, M., Fischer, E.K., 2019. Abundância de microplásticos na deposição atmosférica na área metropolitana de Hamburgo, Alemanha. Sci. Total Environ. 685, 96-103.
Koelmans, A.A., Nor, N.H.M., Hermsen, E., Kooi, M., Mintenig, S.M., De France, J., 2019. Microplásticos em águas doces e água potável: Revisão crítica e avaliação da qualidade dos dados. Wat. Res. 155, 410-422.
Kole, P.J., Lohr, A.J., Belleghem, F.G.A.J., Ragas, M.G., 2017. Desgaste de pneus: uma fonte furtiva de microplásticos no ambiente. Int J Environ Res Public Health 14, 1265.
Kumar, R., Sharma, P., Manna, C., Jain, M., 2021. Abundância, interação, ingestão, preocupações ecológicas e políticas de mitigação da poluição por microplásticos no ecossistema ribeirinho: uma revisão. Sci. Total Environ. 782, 146695.
Kwon, J.H., Kim, J. W., Pham, T.D., Tarafdar, A., Hong, S., Chun, S.H., Jung, J., 2020. Microplásticos em alimentos: uma revisão sobre métodos analíticos e desafios. International J. Environ. Res. Pub. Health, 17(18), 6710.
Lam, T.W.L., Fok, L., Ma, A.T.H., Li, H.-X., Xu, X.-R., Cheung, L.T.O., Wong, M.H., 2022. Contaminação por microplásticos em peixes de cultura marinha do estuário do Rio das Pérolas, sul da China. Sci. Total Environ. 827, 154281.
Lebreton, L.C.M., van der Zwet, J., Damsteeg, J.-W., Slat, B., Andrady, A., Reisser, J., 2017. Emissões de plástico do rio para os oceanos do mundo. Nat. Commun. 8, 15611.

Li, J., Huang, W., Jiang, R., Han, X., Zhang, D., e Zhang, C., 2020. As comunidades bacterianas associadas aos microplásticos são influenciadas pelos habitats marinhos? Sci Total Environ. 733, 139400.
Liao, Z., Ji , X., Ma , Y., Lv , B., Huang , W., , Zhu , X., Fang , M., , Wang , Q., Wang , X., Randy Dahlgren, R., , Xu Shang ., 2021. Microplásticos transportados pelo ar em ambientes internos e externos de uma cidade costeira no leste da China. J. Hazard. Mater. 417, 126007.
Liu, K., Wang , X., Fang, T., Xu , P., Zhu, L., Li, D., 2019. Avaliação da fonte e do risco potencial de microplásticos atmosféricos suspensos em Xangai. Sci. Total Environ. 675, 462-471.
Liu, Q.R., Chen, Z., Chen, Y.L., Yang, F.W., Yao, W.R., Xie, Y.F., 2021. Microplásticos e nanoplásticos: contaminantes emergentes nos alimentos. J. Agric. Food Chem. 69, 10450-10468.
Lv, W., Zhou, W., Lu, S., Huang, W., Yuan, Q., Tian, M., Lv, W., He, D., 2019. Poluição microplástica no sistema de co-cultura de arroz-peixe: um relatório de três estações agrícolas em Xangai, China. Sci. Total Environ. 652, 1209-1218.
Lv, W.W., Yuan, Q., He, D.F., Lv, W.G., Zhou, W.Z., 2020. Contaminação microplástica causada por diferentes modos de criação da enguia do pântano asiático (*Monopterus albus*). Aquac. Res. 51, 5084-5095.
Ma, J., Niu, X., Zhang, D., Moore, J.D., Ototake, M., Nakanishi, T., 1998. Absorção de antigénio particulado durante a imunização de peixes por imersão: a eficácia da exposição prolongada e os papéis da pele e das brânquias. Peixes. Shellfish Immunol. 8, 393-408.
Mathalon, A., Hill, P., 2014. Fibras microplásticas no ecossistema intertidal em torno do porto de Halifax, Nova Escócia. Mar. Pollut. Bull. 81, 69-79.
Osman, Ahmed I., Mohamed Hosny, Abdelazeem S. Eltaweil, Sara Omar, Ahmed M. Elgarahy, Mohamed Farghali, Pow-Seng Yap, et al., 2023. Fontes, formação, toxicidade e remediação de microplásticos: uma revisão. Environ Chem Lett. 1-41.
Mohsen, M., Wang, Q., Zhang, L., Sun, L., Lin, C., Yang, H., 2019. Ingestão de microplástico pelo pepino do mar cultivado *Apostichopus japonicus* na China. Environ. Pollut. 245, 1071-1078.
Muller, A., Osterlund, H., Marsalek, J., Viklander, M., 2020. A poluição transportada pelo escoamento urbano: uma revisão das fontes. Sci Total Environ. 709, 136125
Naji A Esmaili , Z., Khan , F.R., 2017. Detritos plásticos e microplásticos ao longo das praias do Estreito de Ormuz. Poluição do Golfo Pérsico Mar. Bul. 114, 1057-1062.
Nizzetto, L., Futter, M., Langaas, S., 2016. Os solos agrícolas são lixeiras para microplásticos de origem urbana? Environ Sci Technol. 50(20), 10777-10779.
Peng G., Xu, P., Zhu , B., Bai, M., Li' D., 2018. Microplásticos em sedimentos de rios de água doce em Xangai, China: um estudo de caso de avaliação de risco em megacidades. Environ Pollut. 234, 448-456. https:// doi. org/ 10. 1016/j. envpol. 2017. 11. 034
Piehl, S., Leibner ,A., Loder, MGJ., Dris, R., Bogner, C., Laforsch, C., 2018. Identificação e quantificação de macro e microplásticos em uma fazenda agrícola. Sci Rep 8(1), 17950-17959.
Prata, J.C., 2018. Microplásticos transportados pelo ar: consequências para a saúde humana? Environ. Pollut. 234, 115-126.
Priscilla, V., Patria, M.P., 2019. Comparação da abundância de microplásticos em tanques de aquicultura de peixe-leite Chanos chanos (Forsskal, 1775) em Muara Kamal e Marunda, Baía de Jacarta. In: Actas do 4º Simpósio Internacional da EMBRIO e do 7º Simpósio

Internacional da Associação de Pescas e Tecnólogos da Ásia Oriental. Vol. 404.
Rochman, CM., 2018. Investigação sobre microplásticos - do sumidouro à fonte. Science 360, 28-29.
Rolsky, C., Kelkar, V., Driver, E., Halden, R. U., 2020. Lodo de esgoto municipal como fonte de microplásticos no meio ambiente. Current Opin Environ Sci Health14, 16-22.
Rout, P.R., Zhang, T.C., Bhunia, P., Surampalli, R.Y., 2021.Tecnologias de tratamento para contaminantes emergentes em estações de tratamento de águas residuais: Uma revisão. Sci. Total. Environ. 753, 141990.
Shim, W.J., Hong, S.H., Eo, S., 2018. Capítulo 1 - microplásticos marinhos: abundância, distribuição e composição. In: Zeng, E.Y. (Ed.), Microplastic Contamination in Aquatic Environments [Contaminação por microplásticos em ambientes aquáticos]. Elsevier, pp. 1-26.
Skirtun, M., Sandra, M., Strietman, W.J., van den Burg, S.W.K., De Raedemaecker, F., Devriese, L.I., 2022. Vias de poluição plástica das práticas de aquacultura marinha e potenciais soluções para a região do Atlântico Nordeste. Mar. Pollut. Bull. 174, 113178.
Smith, M., Love, D.C., Rochman, C.M., Neff, R.A., 2018. Microplásticos em frutos do mar e as implicações para a saúde humana. Curr. Environ. Health Rep. 5, 375-386.
Sobhani, Z., Lei, Y., Tang, Y., Wu, L., Zhang, X., Naidu, R., Megharaj, M., Fang, C., 2020. Microplásticos gerados ao abrir embalagens plásticas.Sci.Rep.10(1),1-7.
Song, Y.K., Hong, S.H., Jang, M., Han, G.M., Jung, S.W., Shim, W.J., 2017. Efeitos combinados da duração da exposição aos raios UV e da abrasão mecânica na fragmentação de microplásticos por tipo de polímero. Environ. Sci. Technol. 51, 4368-4376.
Sui, M., Lu, Y., Wang, Q., Hu, L., Huang, X., Liu, X., 2020. Padrões de distribuição de microplásticos em vários tecidos da *vieira de Zhikong* (*Chlamys farreri*) e na água do mar de cultura circundante. Mar. Pollut. Bull. 160, 111595.
Sun, J., Dai, X., Wang, Q., van Loosdrecht, M.C.M., Ni, B. J., 2019. Microplásticos em estações de tratamento de águas residuais: deteção, ocorrência e remoção. Water Res. 152, 2137
Ta, A.T., Babel, S., 2020. Poluição de microplásticos com metais pesados na zona de aquacultura do estuário do rio Chao Phraya, Tailândia. Mar. Pollut. Bull. 161, 111747.
Van Sebille, E., Wilcox, C., Lebreton, L., Maximenko, N., Hardesty, B.D., Van Franeker, J. A., Eriksen, M., Siegel, D., Galgani, F., Law, K.L., 2015. Um inventário global de pequenos detritos plásticos flutuantes. Environ. Res. Lett. 10, 12.
Wang, J., Lu, L., Wang, M., Jiang, T., Liu, X., Ru, S., 2019. Os tufões aumentam a abundância de microplásticos no ambiente marinho e nos organismos cultivados: um estudo de caso na Baía de Sanggou, China. Sci. Total Environ. 667, 1-8.
Whitehead, P.G., Bussi, G., Hughes, JMR., Castro-Castellon, A.T., Norling, M.D., Jeffers, E.S., Rampley, CPN., Read, D.S., Horton, A.A., 2021. Modelagem de microplásticos no rio Tamisa: fontes, sumidouros e implicações políticas. Água, 13(6), 861.
Wojnowska-Baryla, I., Bernat, K., Zaborowska, M., 2022. Degradação de resíduos plásticos em condições de aterro: o problema dos microplásticos e os seus efeitos ambientais diretos e indirectos. Int J Environ Res Public Health 19(20), 13223.
Wright, L.S., Napper, I.E., Thompson, R.C., 2021b. Potencial libertação de microplásticos de artes de pesca encalhadas na região da Grã-Bretanha com maior densidade de lixo de pesca. Mar. Pollut. Bull. 173, 113115.
Wright, S.L., Ulke , J., Font, A., Chan , K.L.A., Kelly, F.J. , 2020. Deposição atmosférica de microplásticos num ambiente urbano e uma avaliação do transporte. Environ. Int. 136,

105411.
Wright, L., Gouin, T., Koelmans, A.A., Scheuermann, L., 2021a. Desenvolvimento de critérios de triagem para partículas de microplástico no ar e deposição atmosférica: revisão crítica e aplicabilidade para avaliar a exposição humana. Microplásticos Nanoplásticos, 1 (1), 6.
Wu, F.Z., Wang, Y.J., Leung, O.N.H., Huang, W., Zeng, J.N., Tang, Y.B., Chen, J.F., Shi, A. Q., Yu, X., Xu, X.Q., Zhang, H.G., Cao, L., 2020. Acumulação de microplásticos em espécies aquáticas comerciais típicas: um estudo de caso em um local de aquicultura produtiva na China. Sci. Total Environ. 708, 135432.
Wu, H., Hou J., Wang X., 2023. Uma revisão da poluição por microplásticos na aquacultura: Fontes, efeitos, estratégias de remoção e perspectivas. Ecotox. Environ. Saf, 252, 114567.
Xiong, X., Liu, Q., Chen, X., Wang, R., Duan, M., Wu, C., 2021. Ocorrência de microplástico na água de diferentes tipos de tanques de aquicultura em uma importante área de aquicultura de água doce à beira do lago na China. Chemosphere 282, 131126.
Yang, L., Zhang, Y., Kang, S., Wang, Z., Wu, C., 2021. Microplásticos no solo: uma revisão sobre métodos, ocorrência, fontes e risco potencial. Sci Total Environ 780:146546 Yong CQY, Pollut 260:114096.
Yang, H., Chen, G., Wang, J., 2021. Microplásticos no ambiente marinho: Fontes, destinos, impactos e degradação microbiana. Toxics 9, 41.
Yao, C., Liu, X., Wang, H., Sun, X., Qian, Q., Zhou, J., 2021. Ocorrência de microplásticos em rações para peixes e camarões. Bull. Environ. Contam. Toxicol. 107, 684-692
Yee, M. S. L., Hii, L. W., Looi, C.K., Lim, W.M., Wong, S.F., Kok, Y.Y., Leong, C. O., 2021. Impacto dos microplásticos e nanoplásticos na saúde humana. Nanomaterials, 11(2), 496.
Yoon, J., Kim B., Kim K., 2024. Distribuição de microplásticos no solo por tipos de uso da terra na área metropolitana de Seul. Appl. Biol. Chem. 67, 15.
Zhang, R., Zhang, G., Zheng, Q., Tang, J., Chen, Y., Xu, W., Zou, Y., Chen, X., 2012. Ocorrência e riscos de antibióticos na Baía de Laizhou, China: Impactos da descarga do rio. Ecotoxicol. Environ. Saf. 80, 208-215 .
Zhang, D., Fraser, M.A., Huang, W., Ge, C., Wang, Y., Zhang, C., Guo, P., 2021a. Poluição microplástica na água, sedimentos e tecidos específicos de lagostins (*Procambarus clarkii*) em dois modos de reprodução diferentes em Jianli, província de Hubei, China. Environ. Pollut. 272, 115939.
Zhang, K., Hamidian, A.H., Tubic, A., Zhang, Y., Fang, J.K., Wu, C., Lam, P.K. 2021b., Understanding plastic degradation and microplastic formation in the environment: A review. Environmental Pollution, 274, 116554.
Zhou, A., Zhang, Y., Xie, S., Chen, Y., Li, X., Wang, J., Zou, J., 2021. Microplásticos e seus potenciais efeitos nos sistemas de aquicultura: uma revisão crítica. Rev. Aquac. 13, 719-733.
Zhu, J., Zhang, Q., Huang, Y., Jiang, Y., Li, J., Michal, J.J., Jiang, Z., Xu, Y., Lan, W., 2021. Tendências de longo prazo de microplásticos na água do mar e ostras cultivadas no Mar de Maowei, China. Environ. Pollut. 273, 116450.
Ziajahromi, S., Neale, P.A., Silveira, I.T., Chua, A., Leusch, F.D.L., 2021. Uma auditoria da abundância de microplásticos em três estações de tratamento de águas residuais australianas. Chemosphere 263.
Ziani, K., lonita-Mindrican, C.B., Mititelu, M., Neacsu, S.M., Negrei, C., Morosan, E., Preda, O.T., 2023. Microplásticos: uma verdadeira ameaça global para o ambiente e a segurança alimentar: A state of the art review. Nutrientes, 15(3), 617.

CAPÍTULO 3

# AMOSTRAGEM E PREPARAÇÃO DE MICROPLÁSTICOS

**Por**

**Prof. Dr. Sahar W.M. Hassan**

## Prefácio

Este capítulo fornece informações sobre os métodos do processo de amostragem de amostras de água, sedimentos, solo, poeiras, ar e amostras biológicas. A preservação é um passo importante para manter o peso e a concentração da matriz. A preparação de amostras utilizando técnicas físicas e de extração também foi apresentada.

## 1. Amostragem

Dependendo dos objectivos do estudo, foi selecionada uma diversidade de ambientes para amostragem, incluindo plâncton, poeiras, solos, neve marinha, sedimentos, água, ar e alguns tecidos de grandes organismos. O conhecimento de que os pequenos MP são significativos está a motivar a amostragem para métodos mais abrangentes, por exemplo, a utilização de conjuntos de filtros e bombas para os prender e dispersar em grupos de tamanho. No entanto, isto pode implicar uma amostragem representativa e o custo de um tempo de análise alargado. Todos os ambientes da Terra estão atualmente poluídos com MPs. Em resultado da falta de simplicidade e uniformidade dos métodos de amostragem, há menos informação sobre a sua distribuição geográfica e temporal nos ecossistemas. Existem diferenças entre os grupos de investigação em todas as fases da amostragem. Por exemplo, não existe uma malhagem, um poro ou uma rede normalizados, o que leva a que, em cada investigação, sejam recolhidas amostras de diferentes tamanhos de MP. A reprodutibilidade e a representatividade da maioria dos resultados não são claras, o que é agravado por descrições metodológicas imprecisas que não contêm pormenores significativos, por exemplo, o volume da amostra global. Por conseguinte, é fundamental dispor de uma metodologia simples, rápida e validada.

O novo protocolo de amostragem deve incluir (a) medidas para eliminar a poluição cruzada; (b) como e onde recolher as amostras globais; (c) como fazer a separação das MP das amostras globais, provavelmente através de filtração direta, ajustando o tamanho dos poros de um filtro, ou com um contacto prévio com uma solução saturada de sal, por exemplo NaI; (d) um protocolo de digestão que seja rápido e tenha um ligeiro impacto na integridade do polímero, talvez enzimas ou H2O2 (e) padrões para reconhecimento visual utilizando corantes, e abordagens sugeridas para a caraterização química (Reineccius et al., 2021).

Em geral, as amostras ecológicas contêm o analito (a questão de interesse) numa matriz muitas vezes rica em materiais indesejáveis que podem obstruir a análise adicional. Antes da análise de MPs no laboratório, a amostra deve ser recolhida, armazenada, transmitida e manuseada de forma adequada. O procedimento de análise de MPs em amostras ecológicas pode ser distribuído em 5 etapas principais (Vojnovi'c et al., 2024), que são reveladas na Figura 15.

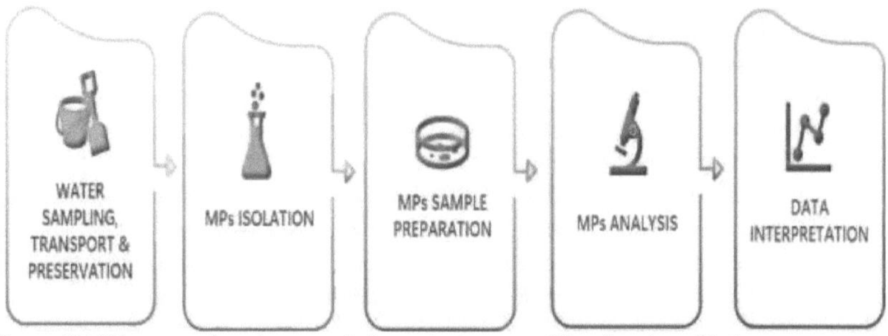


**Figura 15:** Diagrama das etapas mais importantes na análise de microplásticos em amostras ambientais (Vojnovi'c et al., 2024).

***1.1. Ambientes aquosos***

As amostras aquosas podem ser constituídas por águas residuais, água potável ou superfícies naturais, gelo, neve derretida ou chuva. Cada tipo de amostra representa um desafio diferente devido às caraterísticas dos plásticos, à abundância e ao nível de interferência da matriz. A avaliação das águas superficiais tem sido efectuada devido à facilidade de recolha. A informação sobre as caraterísticas do local é fundamental, incluindo a estação do ano, os padrões de fluxo, a morfologia da bacia e o clima. Os critérios de seleção do método incluem a capacidade de quantificar e reter a gama saliente de tamanho e forma das partículas (Koelmans et al., 2019).

Por exemplo, o método de recolha de amostras pode adaptar-se a MPs esféricas, mas ser inadequado para MPs alongadas. A passagem das fibras ocorre através da malha, dependendo do ângulo de contacto. Também podem ocorrer variações na eficácia da recolha de partículas ao longo do tempo como resultado do bloqueio da abertura (Prata et al., 2019). A recolha de amostras de água pode ser utilizada para capturar partículas de menor dimensão, por exemplo, utilizando baldes de Niskin, Van Dorn, de superfície ou outros dispositivos para captura em profundidadc.

Choy et al. (2019) utilizaram um veículo operado remotamente preparado com amostradores in situ que bombeavam água (variando de 1007 a 2378 $m^3$ ) através de filtros de malha de 100 цт em profundidades escolhidas até 1000 m. A determinação de propriedades coincidentes da água (por exemplo, teor de clorofila, sólidos suspensos, salinidade e temperatura) também pode ajudar a interpretar os resultados. A bombagem de água através de um grupo de malhas ou peneira(s) também tem sido utilizada (Prata et al., 2019), permitindo a avaliação de amostras compostas maiores.

Tamminga et al. (2019) detectaram um maior número de MPs e uma recolha mais eficaz de fibras através da passagem da água por uma cascata de filtros com uma manta Para a amostragem de microplásticos na microcamada superficial, Ng e Obbard (2006) utilizaram um tambor rotativo, enquanto Song et al. (2014) utilizaram uma tela de malha mergulhada. A centrifugação de fluxo contínuo (CFC) tem sido amplamente utilizada para a recolha de partículas em suspensão, embora tenha tido uma utilização limitada na recolha de água. No entanto, Leslie et al. (2017) recolheram e concentraram partículas em suspensão de origem fluvial por CFC e manipularam concentrados agrupados utilizando métodos de separação de densidade à base de sal. Eles observaram que a maioria dos MPs no material particulado suspenso era inferior a 300 um.

### *1.2. Amostras de ar*

Os MP do ar são uma preocupação crescente. No interior, o consumo humano de MP através da ingestão e inalação pode ser principalmente significativo devido ao espaço limitado, à baixa renovação do ar e à abundância de produtos de plástico. No exterior, os MP transportados pelo ar podem ser rapidamente transmitidos ao longo de grandes espaços. A população dos países desenvolvidos passa frequentemente mais de 90% do tempo em espaços interiores. Embora os dados relativos aos MP sejam limitados, existe uma literatura considerável sobre as partículas presentes no ar exterior e interior (Whalley e Zandi, 2016). Estas são naturalmente recolhidas em filtros de penetrabilidade variável (Zhang et al. 2020.). Os filtros de fibra de vidro são frequentemente utilizados neste caso, mas podem obscurecer e enredar as MPs, obscurecendo a avaliação espectroscópica posterior.

A deposição de MPs húmidos e secos foi recentemente avaliada por Brahney et al. (2020) em diferentes áreas de natureza selvagem remota dos EUA através da recolha inicial em baldes. As amostras húmidas foram depois filtradas através de filtros de 0,45 um de polietersulfona e as substâncias secas foram readquiridas utilizando uma lâmina de cerâmica. Podem também ser utilizados amostradores pessoais, portáteis, passivos e estacionários de grande volume.

Summers et al. (2018) utilizaram um amostrador passivo Sigma-2 para recolher partículas em suspensão no ar perto de 3 estradas alemãs. As partículas foram recolhidas na superfície de um aceitador adesivo transparente durante 7 dias. Por exemplo, na situação de estratos de água, as partículas recolhidas nas amostras de ar recolhidas a diferentes alturas podem ter propriedades diferentes (Quang et al., 2012). A inalação de pequenas substâncias plásticas transportadas pelo ar (menos de 10 um) tem sido documentada como um perigo para a saúde devido à sua capacidade de penetrar nos alvéolos pulmonares (Anderson et al., 2012).

### *1.3. Sedimentos, solos e poeiras*

O conteúdo de MPs nestes ambientes é motivo de grande preocupação. Os sedimentos de leito são normalmente recolhidos sob a forma de uma amostra ou de um núcleo. Os sedimentos incorporam condições ao longo de tempos prolongados em comparação com as amostras de águas superficiais, mas os problemas podem diferir em distâncias curtas. A profundidade da amostragem é importante para os núcleos. Dado que a predominância de plásticos só se tornou no ecossistema a partir da década de 1950, os estudos de disseminação em núcleos de sedimentos são erráticos. No entanto, Brandon et al. (2019) descreveram detritos de plástico num núcleo da Bacia de Santa Bárbara cobrindo a era 1834-2009. Esses autores estavam limitados a detritos maiores, pois foi utilizada a classificação visual de microplásticos candidatos, seguida pela identificação de polímeros FTIR de alvos selecionados. Os autores descreveram um aumento exponencial na deposição de plástico de 1945 a 2009, com um período de duplicação de 15 anos. Os sedimentos foram passados através de uma malha de $10^4$ um, pelo que as concentrações reais de MPs eram provavelmente mais elevadas. Em divergência com estudos efectuados na maioria das águas superficiais, observaram também que as fibras eram os plásticos predominantes nos sedimentos estudados.

As caraterísticas das partículas e as cargas de microplásticos diferem muito em diversos subambientes. Por exemplo, Haave et al. (2019) observaram que a dispersão de microplásticos grandes (>500 um) e pequenos (<100 um) em sedimentos de uma zona urbana norueguesa era variada, com pequenos MPs detetados de forma diferente em áreas de maior deposição de matéria orgânica. Noutro exemplo, Ceccarini et al. (2018) recolheram substâncias de sedimentos subtidais para areia supralitoral.

Observaram grandes fragmentos de plástico reunidos acima da berma de tempestade e partículas de polímero com maior densidade nos sedimentos bentónicos. O seu trabalho sublinha a necessidade de técnicas que possam gerar resultados para a quantidade total de plásticos presentes (incluindo tamanhos normalmente abaixo dos limites de deteção espectroscópica de partículas discretas) numa amostra. Outros sólidos, como as lamas de águas residuais municipais, estão a ser cada vez mais examinados. Devido aos processos de sedimentação e de escumação superficial explorados, as lamas de tratamento podem compreender mais de 90 % dos MP que entram nos serviços de águas residuais (Mahon et al. 2017). Uma vez que os plásticos são principalmente descartados em terra, usados e fabricados (Hale et al. 2020), o solo torna-se um ambiente importante para estudar. No entanto, os solos terrestres são menos considerados do que os sedimentos aquáticos. Me dler et al. (2020) estudaram procedimentos acessíveis de amostragem do solo e de análise de MPs. O primeiro envolveu a utilização de pás ou colheres de aço inoxidável para amostras da superfície e núcleos para amostras em profundidade. Destacaram também a seleção de uma estratégia de amostragem (por exemplo, transecto, aleatório, grelha, estratificado ou julgamento).

### *1.4. Amostras biológicas*

O consumo de MPs por vários invertebrados e vertebrados marinhos no campo e em ambiente laboratorial foi referido em trabalhos anteriores (Lusher, 2015). A investigação laboratorial sobre o consumo de MPs pela biota marinha utiliza normalmente esferas de plástico microscópico de origem polimérica identificada para serem simplesmente contadas e reconhecidas por exame microscópico em excreções e conteúdos intestinais ou no próprio organismo no caso de organismos planctónicos transparentes (Cole et al., 2013). Nesta situação, a utilização de partículas fluorescentes simplifica a contagem e a recuperação dos MPs. Os exames sobre o consumo de MPs por vertebrados no campo necessitam de um trabalho consideravelmente maior, uma vez que as investigações nesta zona de estudo são raras (Wright et al., 2013). A amostragem direta de organismos de grande porte, como os peixes, ocorre geralmente através de armadilhas ou redes.

As carcaças encalhadas (por exemplo, de cetáceos, focas, aves) podem ser examinadas para detetar a ingestão de MP. Este procedimento tem sido efectuado para fulmares do Norte (*Fulmarus glacialis*) no Mar do Norte há mais de três décadas (Wright et al., 2013; Kuhn et al., 2015). Após a partição, o conteúdo intestinal é conservado ou congelado para exame futuro. Outra opção indireta utilizada para a amostragem de aves e mamíferos é através da recolha das suas fezes, moldes ou bolus. Bond e Lavers (2013) utilizaram eméticos para monitorizar a ingestão de plástico em crias de painho-das-tormentas (*Oceanodroma leucorhoa*) para permitir aos autores estudar a ingestão não letal de plástico. Os caracóis, mexilhões e vermes podem ser recolhidos diretamente com armadilhas ou redes ou congelados até serem analisados (Besseling et al., 2013; Claessens et al., 2013). As amostras biológicas podem ser preservadas através da utilização de formalina ou ser secas ou congeladas e mantidas ao abrigo da luz até serem examinadas.

## 2. Conservação das amostras

A conservação de amostras de MP não é normalmente descrita devido à resistência dos MPs à biodegradação. No entanto, Courtene-Jones et al. (2017) investigaram a preservação de MPs em tecido muscular usando formaldeído/etanol versus congelamento, não relatando efeitos diferenciais desses tratamentos. Embora a maioria dos plásticos seja intratável, os constituintes de amostras coincidentes podem estar sujeitos a desintegração, especialmente os tecidos biológicos. Por conseguinte, a falta de preservação pode alterar o cálculo da concentração, uma vez que o peso da matriz é normalmente utilizado no denominador para sedimentos e tecidos.

As amostras que contêm MPs são geralmente mantidas em agentes oxidantes por períodos prolongados de tempo como parte do processo de descontaminação. Por exemplo, Song et al. (2014) processaram sólidos de águas superficiais, com 34,5% de H2O2 durante 2 semanas. Os polímeros semissintéticos podem ser mais degradados ou lábeis. Produtos mútuos produzidos a partir de substâncias naturais incluem têxteis à base de rayon, filtros de cigarro e embalagens de celofane. O acetato de celulose foi informado como significando mais de 50% das partículas sintéticas em sedimentos de mar profundo (Lusher et al., 2013), lixiviados (Su et al., 2019) e peixes (Lusher et al., 2013).

## 3. Processamento laboratorial

Devido à preparação ambiental do laboratório, à amostragem de campo e à meteorização, podem ocorrer alternâncias físicas nos detritos de plástico devido à abrasão com peneiras ou grãos de areia, ciclos de congelamento/descongelamento de amostras e instrumentos (Klein et al., 2018). As interações electrostáticas nas superfícies e a formação de biofilmes causam uma alternância do seu tamanho e acções óbvias no ecossistema durante a montagem e análise (Lapointe et al., 2020). Em função da complexidade da matriz, é normalmente utilizada uma série de etapas preparatórias, geralmente a separação por densidade e a digestão da matéria orgânica. As etapas podem ser divididas em preparação da amostra, concentração de MPs, purificação da matriz, separação de MPs de acordo com o tamanho, além da deteção de partículas. Algumas abordagens centram-se na avaliação das propriedades individuais, enquanto outras dão ênfase à concentração de polímeros com base no peso e ao volume existente na amostra ou à extração com solvente.

## 4. Preparação da amostra

Os investigadores podem transformar os ingredientes em classes de tamanho de partículas através da passagem de uma sequência de filtros ou crivos de tamanho crescente. Isto é particularmente útil se a metodologia de reconhecimento final não produzir caraterísticas de partículas individuais (por exemplo, Py-GC/MS). Por exemplo, Gomiero et al. (2019) separaram MPs por passagem sucessiva por peneiras de 10, 40, 100 e 250 цш de aço inoxidável. As amostras tinham sido anteriormente expostas a limpeza enzimática e oxidativa, para além das etapas de separação baseadas na densidade. Os métodos de separação/caraterização em massa podem permitir uma estimativa do total de MPs.

Gomiero et al. (2019) relataram que as frações de 40-100 цш, uma faixa de tamanho abaixo da qual é frequentemente relatada na literatura, contribuíram mais para a quantidade total de polímero de suas amostras de campo. Observa-se que os sedimentos recolhidos no campo foram primeiramente homogeneizados antes de qualquer tratamento usando um misturador orbital de "um aço inoxidável padrão (10 min a RT, 20 rpm) usando a faca K-beater". Os sedimentos eram principalmente areia fina. Os plásticos no ambiente podem ser quebrados por intempéries, como a oxidação ultravioleta (UV) (Khaled et al. 2018).

Portanto, é provável que os métodos de homogeneização de laboratório abrasivos possam fragmentar ainda mais os MPs frágeis. Gomiero et al. (2019) realizaram uma série de validações técnicas usando microesferas não desgastadas com pontas de 3 tamanhos e tipos de polímeros (PVC, cloreto de polivinila, PP e PE). No entanto, esses tipos de polímero são menos suscetíveis a alterações por tratamentos cáusticos do que o policarbonato (PC) e PA. Além disso, as microesferas podem ser fracionadas em tamanho de forma mais estável e ser menos suscetíveis à fragmentação do que as fibras ou filmes plásticos. Como apoio à consideração acima sobre o manuseio abrasivo que fragmenta detritos plásticos, Efimova et al. (2018) utilizaram sedimentos de praia grosseiros e um misturador rotativo de laboratório para criar intencionalmente MPs secundários em laboratório.

### *4.1. Digestão química e enzimática*

As amostras de campo incluem normalmente partículas orgânicas (p. ex., detritos) e inorgânicas (p. ex., minerais de argila) que podem dificultar a análise do plástico. As necessidades de remoção destas partículas são diferentes, dependendo da matriz (por exemplo, sedimentos, tecidos ou água). Os detritos de plástico provenientes do campo acumulam rapidamente um revestimento orgânico que pode alterar o seu comportamento, propriedades e composição química (McGivney et al. 2020) (por exemplo, aumentando a densidade óbvia, estimulando a agregação ou confundindo a análise espectroscópica subsequente). Estas películas podem ser eliminadas utilizando um grupo de agentes químicos. As substâncias orgânicas lábeis também podem ser oxidadas por peróxido de hidrogénio com um tempo de contacto que varia de horas a dias. Alguns investigadores utilizaram o reagente de Fenton (uma solução de H2O2 e $Fe2^{+}$ ) (Tagg et al. 2017). Em vez disso, foram utilizadas bases (por exemplo, NaOH, KOH) e ácidos (por exemplo, HCl, HNO3, fórmico), particularmente para a digestão de tecidos biológicos. O aquecimento simultâneo e os tratamentos repetidos podem ser essenciais para a oxidação total de substâncias orgânicas lábeis. No entanto, os polímeros à base de ésteres (por exemplo, PET) e PA são mais suscetíveis à degradação utilizando estes tratamentos (Karami et al. 2017; Hurley et al. 2018). Wolff et al. (2019) afirmaram que foram observadas alterações consideráveis de PA, PU e acetato de etileno vinil (EVA) após o tratamento com hexano, ZnCl2, NaClO e H2O2.

Este método é geralmente aplicado para a extração de MPs em espécies de peixes gordos (Lopes et al., 2022), bivalves, crustáceos, fitoplânctons, poliquetas e zooplâncton (Ding et al., 2019), para além de outras espécies marinhas. O processo de extração é direcionado para espécies mortas próximas a uma necropsia, onde os resíduos de plástico são cuidadosamente destacados e removidos por meio de soluções químicas em diversas substâncias alcalinas, ácidos, oxidantes e densidades. O percurso para a deteção de MP em substâncias alimentares é demonstrado na Figura 16.

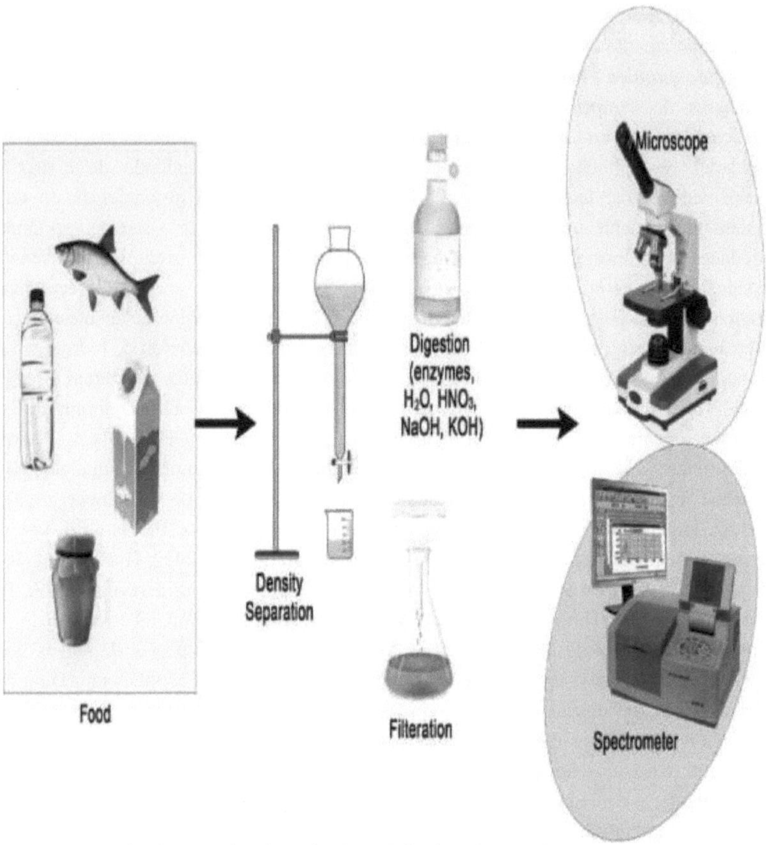


**Figura 16:** Fases de deteção de microplásticos (Ziani et al., 2023).

Posteriormente, deve ser efectuada a validação dos procedimentos de purificação para o polímero visado. A digestão com enzimas também tem sido utilizada para amostras. As enzimas resultam normalmente numa menor degradação do que as substâncias cáusticas. Infelizmente, esses métodos podem ser demorados (>10 dias), caros e complexos (por exemplo, incluindo proteases, lipases, celulases, quitinases e detergentes) e os tratamentos com enzimas também podem ser melhorados através da utilização de tratamentos cáusticos para melhorar a remoção de interferências (Leder et al. 2017). O manuseamento das amostras e o aumento das etapas também aumentam a possibilidade de introdução de contaminantes, de danificação dos plásticos visados e de modificação das caraterísticas físicas.

***4.2. Separação física dos plásticos da matriz:***

***Filtração e peneiração***

Para permitir um reconhecimento mais fácil, os plásticos são normalmente retirados de fases sólidas, aquosas ou do ar e concentrados em superfícies de crivos ou filtros. Em algumas circunstâncias, para uma análise espectroscópica óptima, as partículas podem então ser transmitidas do primeiro filtro para um segundo. Os objectivos do analista devem ajudar as propriedades necessárias do filtro: retenção do tamanho, compatibilidade com os agentes químicos, espessura/estrutura e composição do filtro.

A forma do filtro (por exemplo, orifícios perfurados, tecidos de fibra ou discos de metal sinterizado) pode regular a facilidade de recuperação dos plásticos reservados e a retenção da forma/tamanho das partículas. Esta etapa pode ser trabalhosa e levar à perda de MPs. Nakajima et al. (2019a) estabeleceram um aparelho de peneira de aço inoxidável (malha de 32 um), que resiste aos agentes oxidantes mútuos com compressão adequada para imersão em um copo de vidro. Foi relatado que seu uso diminuiu o número de etapas de transferência, enxágue de coleta e geração de melhores recuperações de MP. Os investigadores devem confirmar que os materiais que compõem os filtros não contêm plásticos nem impedem o reconhecimento espetroscópico de polímeros direcionados. As próprias peneiras/filtros podem ser criadas utilizando diferentes materiais, incluindo TeflonTM, quartzo, membrana à base de alumina, nylon, aço inoxidável, PC revestido a ouro, celulose, silício e membrana de prata (OBmann et al., 2017; Wolff et al., 2019; Wright et al., 2019).

Wright et al. (2019) coletaram MPs inaláveis de diferentes tipos de polímeros em uma diversidade de tipos de filtros (politetrafluoretileno, quartzo, membrana de prata, celulose e alumina) e, em seguida, avaliaram sua adequação com imagens Raman. O uso de filtros de membrana de prata obteve os melhores resultados. Kappler et al. (2015) examinaram substâncias filtrantes para FTIR e sugeriram uma membrana à base de silicone. As partículas podem ficar presas em superfícies fibrosas, como as fibras de quartzo (Wright et al., 2019), e algumas substâncias podem descarregar fragmentos ou impedir os espectros dos polímeros visados. A variação das consequências será diferente dependendo do esquema de reconhecimento usado (por exemplo, luz visível, FTIR ou Raman) e dos tipos de polímero direcionados.

### *4.3. Densidade e outras separações físicas*

A sedimentação de partículas inorgânicas densas (variando de 1,6 a >2,4 g cm-3) e a flotação de plásticos é um passo mútuo de purificação, particularmente para amostras de água, lamas e sedimentos. Embora alguns polímeros (por exemplo, PP e PE) tenham densidades mais baixas do que a água, outros são mais densos ou têm flutuabilidade quase neutra (borracha de pneu, PS, PC, PVC, ABS, PA, Teflon: 2,2 g $cm^{-3}$ , 1,0-1,4 g $cm^{-3}$ ). Nota: a incidência de bolsas de ar intacto em polímeros espumados (por exemplo, PS ou PU) aumentará a flutuabilidade. A tensão da superfície da água pode preservar até mesmo plásticos densos na superfície durante muito tempo. A existência de aditivos e cargas de polímeros também pode alterar o comportamento do plástico.

Por exemplo, as densidades do carbonato de cálcio ($CaCO_3$), das cargas de fibra de vidro e do negro de fumo são normalmente superiores a 2 g $cm^{-3}$ . Para obter a flotação de diferentes tipos de polímeros, os investigadores têm geralmente utilizado soluções salinas concentradas contendo politungstato de sódio, $ZnBr_2$, $ZnCl_2$, NaI e NaCl e politungstato de sódio (GESAMP, 2019). As selecções dependem da segurança, do custo e da eficácia. O desempenho dos MPs nas soluções deve ser observado com cautela. Por exemplo, Rodrigues et al. (2019) relataram que a deposição de sal na superfície da MP aumenta sua densidade total, causando perda e afundamento. Diferentes dispositivos têm sido utilizados para a separação de plásticos de partículas densas por gravidade. Estes incluem simples funis de vidro (Rodrigues et al., 2019) e o elaborado separador de sedimentos plásticos de Munique em aço inoxidável (Imhof et al., 2012).

A presença de plástico nos sólidos sedimentados, para além dos lados do recipiente, pode reduzir a recuperação. Além disso, a ocorrência de material polimérico na construção de aparelhos de decantação pode resultar na contaminação da amostra. Nakajima et al. (2019b) planearam um separador com um vidro simples, o separador JAMSTEC Sediment-MP (unidade JAMSS). Consiste em 2 placas de vidro, a inferior é uma câmara com capacidades de 100, 60 ou 30 ml e a superior é composta por um cilindro aberto. A estratégia baseia-se na câmara Uterm-c-hl ou na placa combinada utilizada para o exame do fitoplâncton sedimentado. Depende da sedimentação dos sólidos no recipiente inferior, seguida do isolamento da coluna de água sobrejacente, que contém MPs flutuantes.

Os plásticos podem então ser transferidos para uma peneira ou um filtro, seguidos de água de lavagem para remover quaisquer MPs aderentes. Wang et al. (2018) avaliaram a recuperação de MPs e nano MPs de poliestireno do solo e das lamas de esgoto. Eles observaram que a recuperação de microesferas de 100 um ocorreu usando flotação baseada em solução de ZnCl2, mas microesferas menores não foram. Também avaliaram a eficiência da flotação em função do tempo, mostrando que eram necessários períodos consideráveis para atingir 90% para partículas <5 um. Num estudo realizado por M- ller et al. (2020), estudaram vários procedimentos de extração para remover plásticos dos solos, incluindo flotação de espuma, nanopartículas magnéticas e lipofílicas que trabalham com extração de óleo de ferro, separação eletrostática para sólidos secos e algumas abordagens baseadas na densidade.

No que respeita aos organismos aquáticos, incluindo os peixes, o processo de separação por densidade que ocorre após a digestão é demonstrado na Figura 17. Começa com a remoção das brânquias ou do TGI, seguida da digestão da amostra por agentes alcalinos durante 72 horas a uma temperatura superior à temperatura ambiente, seguida de filtração, exame microscópico e determinação dos tipos de MP através de procedimentos espectroscópicos. Uma preocupação com a fase de separação por densidade é o risco de contaminação ou de perda de amostras desencadeado pela recuperação de MPs, transferência repetitiva da amostra e ressuspensão (Dellisanti et al., 2023). Outra desvantagem é a flutuação da matéria orgânica com partículas de plástico, resultando em dificuldade de diferenciação entre elas, exigindo a necessidade de mais ações, como a digestão química (Stock et al., 2019).

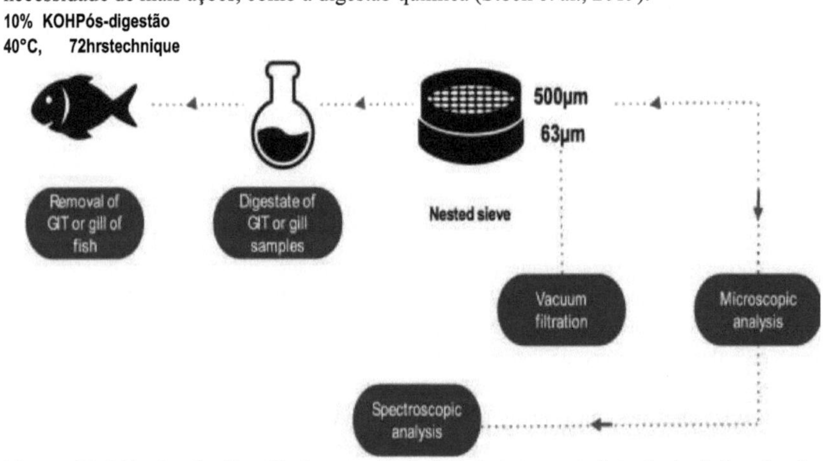


**Figura 17:** Método pós-digestão de extração de MP do trato gastrointestinal e brânquias de peixes (Boluwatife et al., 2023).

### *4.4. Extração por solventes*

Se os objectivos da investigação não exigirem a contagem/caraterização e visualização de partículas individuais, mas sim a quantificação de toda a massa plástica de uma amostra, é adequado utilizar o método de dissolução/extração por solvente (Figura 18). É necessário estabelecer inicialmente a solubilidade do polímero. O solvente mais eficiente para um determinado polímero tem normalmente parâmetros de solubilidade análogos e a solvência aumenta normalmente com a temperatura (Miller-Chou e Koenig, 2003).

A extração da areia seca foi feita primeiro por refluxo a ~37° C e extração por diclorometano (Ceccarini et al., 2018). Segue-se a extração com xilenos a 135-140 *oC* para obter poliolefinas menos degradadas. As distribuições do tamanho molecular dos polímeros extraídos foram estimadas utilizando a cromatografia líquida de permeação em gel. Foram também efectuadas análises Py-GC/MS, FTIR e H NMR. Verificou-se que os investigadores detectaram mais quantidades de resíduos extraíveis de DCM nas areias da costa e na duna mais exposta aos raios UV do que nos sedimentos da costa, o que indica a ação da meteorização. Fuller e Gautam (2016) pré-extraíram amostras de solo e resíduos municipais num extrator de solvente de fluido pressurizado (Dionex ASE-350). A amostra foi primeiro extraída com metanol a 100 °C para eliminar óleos e gorduras solúveis, seguida de extração com DCM a 180 °C. A evaporação foi utilizada para remover o solvente, produzindo um resíduo sólido. A análise por FTIR mostrou homogeneidade espacial no plástico solidificado produzido.

Os espectros FTIR podem ser complexos, uma vez que representam um composto dos diferentes polímeros presentes. Se o extrato estiver adequadamente isento de coextractivos não plásticos, a estimativa gravimétrica da massa do polímero permite a determinação da concentração. Fuller e Gautam (2016) realizaram investigações de recuperação com PET, PVC, PS, PP e PE. Eles relataram que o procedimento é aplicável a PC e PU. As suas vantagens incluem a capacidade de automatizar a análise, a simplificação dos métodos de isolamento/limpeza, para além da quantificação do total de plásticos sem ter em conta o seu tamanho de partícula.

A maioria dos métodos microscópicos baseados em espetroscopia centram-se na contagem de partículas individuais e não são bem-sucedidos para MP com menos de 20 цт ou intensivos em tempo (Wolff et al., 2019). Embora os dados sobre o tamanho e a forma do MP não tenham sido obtidos por Fuller e Gautam (2016), onde a pré-separação de sólidos por passagem através de uma sequência de peneiras variadas poderia resultar em dados perceptivos sobre as caraterísticas do tamanho das partículas.

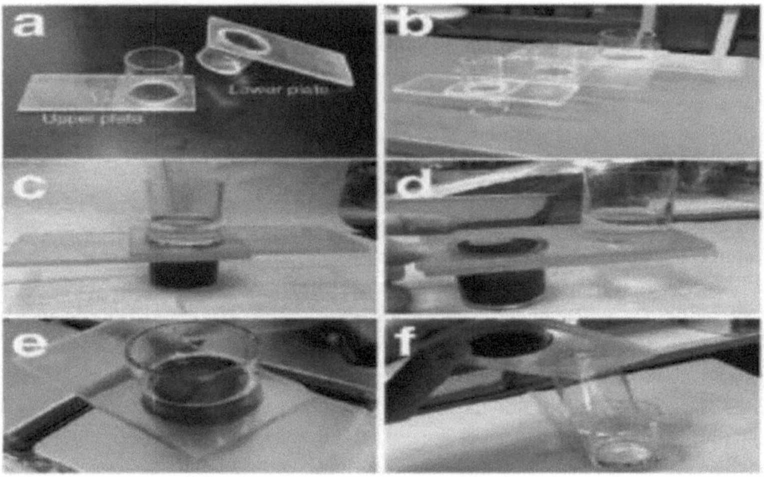

**Figura 18:** Unidade do separador de microplásticos e sedimentos JAMSTEC (JAMSS). (**a**) A placa superior (esquerda) incorpora um tubo de vidro aberto, enquanto a placa inferior (direita) inclui um contentor cilíndrico de vidro. (**b**) Modelos pequeno, médio e grande do JAMSS montado, constituído por um recipiente cilíndrico de 30, 60 e 100 ml de volume, respetivamente. (**c**) JAMSS durante a flutuação de densidade com sedimento no recipiente inferior. (**d**) Separação do sedimento e do sobrenadante fazendo deslizar as duas placas uma contra a outra. (**e**) A JAMSS pode ser colocada num agitador magnético para garantir que os sedimentos são bem misturados durante a flotação de microplásticos. (**f**) Os microplásticos no sobrenadante no tubo superior são vertidos e lavados das paredes internas do tubo. (De Nakajima et al., 2019b).

## REFERÊNCIAS


Anderson, J.O., Thundiyil, J.G., Stolbach, A., 2012. Limpar o ar: uma revisão dos efeitos da poluição atmosférica por partículas na saúde humana. J Med Toxicol. 8(2), 166-175.

Besseling, E., Wegner, A., Foekema, E. M., van den Heuvel-Greve, M. J., Koelmans, A. A., 2013. Efeitos do microplástico na aptidão e bioacumulação de PCB pelo *lugworm Arenicola* marina (L.). Environ Sci Technol. 47(1), 593-600.

Boluwatife, S., Olubusoye, Peter Oni, Owusu, F., Adekoya, O., Ongwech, A., Daniel A. Odogwu, Awolesi, O., Oje, A., Arwenyo, B., 2023. Microplásticos no ambiente marinho: Ocorrência, distribuição e métodos de extração em organismos marinhos. Open J. Ecol. 13, 931-955.

Bond, A. L., Lavers, J. L., 2013. Eficácia da emética para estudar a ingestão de plástico por Leach's storm-petrels (*Oceanodroma leucorhoa*). Mar Pollut Bull. 70(1-2), 171-175.

Brahney, J., Hallerud, M., Heim, E., Hahnenberger, M., Sukumaran, S., 2020. Chuva de plástico em áreas protegidas dos Estados Unidos. Science 368(6496), 1257-1260.

Brandon, J.A., Jones, W., Ohman , M. D., 2019. Aumento multidecadal de partículas de plástico em sedimentos oceânicos costeiros. Sci. Adv. 5(9), eaax0587.

Ceccarini, A., Corti, A., Erba, F., Modugno, F., La Nasa, J., Bianchi, S., Castelvetro, V., 2018. Os microplásticos ocultos: novos insights e figuras da separação e caraterização completa de microplásticos e de seus subprodutos de degradação em sedimentos costeiros. Environ Sci Technol. 52(10), 5634-5643.

Choy, C.A., Robison, B.H., Gagne, T.O., Erwin, B., Firl, E., Halden, R.U., Hamilton, J.A., Katija, K., Lisin, S.E., Rolsky, C., Van Houtan, K.S., 2019. A distribuição vertical e o transporte biológico de microplásticos marinhos através da coluna de água epipelágica e mesopelágica. Sci Rep. 9(1), 7843.

Claessens, M., Van Cauwenberghe, L., Vandegehuchte, M. B., Janssen, C. R., 2013. Novas técnicas para a deteção de microplásticos em sedimentos e organismos recolhidos no terreno. Mar Pollut Bull. 70(1-2), 227-233.

Courtene-Jones, W., Quinn, B., Murphy, F., Gary, S.F., Narayanaswamy, B.E., 2017. Otimização da digestão enzimática e validação de métodos de preservação de espécimes para a análise de microplásticos ingeridos. Anal Methods. 9(9), 1437-1445.

Cole, M., Lindeque, P., Fileman, E., Halsband, C., Goodhead, R., Moger, J., et al., 2013. Ingestão de microplásticos pelo zooplâncton. Environ. Sci. Techno. 47(12), 6646-6655

Dellisanti, W., Leung, M.M., Lam, K.W., Wang, Y., Hu, M., Shing, H., et al., 2023. Uma breve revisão do recente desenvolvimento de métodos para a extração e identificação de microplásticos em mexilhões e peixes, dois grandes grupos de marisco. Mar. Poll. Bull. 186, Artigo 114221.

Ding, J., Li, J., Sun, C., Jiang, F., Ju, P., Qu, L., Zhenga, Y. e Hea, C., 2019. Deteção de microplásticos em organismos marinhos locais usando um sistema multi-tecnológico. Anal. Methods, 11, 78-87. https://doi.org/10.1039/C8AY01974F

Efimova, I., Bagaeva, M., Bagaev, A., Kileso, A., Chubarenko, I.P., 2018. Geração de microplásticos secundários na zona de lavagem do mar com sedimentos de fundo grosso: experiências de laboratório. Front Mar Sci. 5.

Fuller, S., Gautam, A., 2016. Um procedimento para medir microplásticos usando extração de fluido pressurizado. Environ Sci. Technol. 50.

GESAMP, 2019. Orientações para a monitorização e avaliação do lixo plástico e dos microplásticos no oceano. Grupo conjunto de peritos do GESAMP sobre os aspectos científicos da proteção do ambiente marinho, Londres.

Gomiero, A., 0yssd, K.B., Agustsson, T., van Hoytema, N., van Thiel, T., Grati, F., 2019. Primeiro registo de caraterização, concentração e distribuição de microplásticos em sedimentos costeiros de um fiorde urbano no sudoeste da Noruega usando um método de degradação térmica. Chemosphere 227, 705-714.

Haave, M., Lorenz, C., Primpke, S., Gerdts, G., 2019. Histórias diferentes contadas por microplásticos pequenos e grandes em sedimentos - primeiro relatório de concentrações de microplásticos em um recipiente urbano na Noruega. Mar Pollut Bull. 14, 501-513.

Hale, R.C., Seeley, M.E., La Guardia, M.J., Mai, L., Zeng, E.Y., 2020. Uma perspetiva global sobre microplásticos. J Geophys Res Oceans. 125(1), 1-40.

Hurley, R.R., Lusher, A.L., Olsen, M., Nizzetto, L., 2018. Validação de um método para extrair microplásticos de matrizes ambientais complexas e ricas em orgânicos. Environ Sci Technol. 52, 7409-7417.

Imhof, H.K., Schmid, J., Niessner, R., Ivleva, N.P., Laforsch, C., 2012. Um método novo e altamente eficiente para a separação e quantificação de partículas de plástico em sedimentos de ambientes aquáticos. Métodos Limnol Oceanogr. 10(7), 524-537.

Reineccius, J., Bresien, J., Waniek, J., 2021. Separação de microplásticos de amostras com massa limitada por uma técnica de adsorção eficaz. Sci Total Environ. 788 (20), 147881.

Kappler, A., Windrich, F., Lc>der, MGJ., Malanin, M., Fischer ,D., Labrenz, M., Eichhorn, KJ., Voit, B., 2015. Identificação de microplásticos por microscopia FTIR e Raman: um novo

substrato de filtro de silício abre a importante faixa espetral abaixo de 1300 $cm^{-1}$ para medições de transmissão FTIR.Anal Bioanal Chem. 407(22), 6791-6801.
Karami, A., Golieskardi, A., Choo, CK., Romano, N., Ho, Y.B., Salamatinia, B., 2017. Um protocolo de alto desempenho para extração de microplásticos em peixes. Sci Total Environ. 578, 485-494.
Khaled, A., Rivaton, A., Richard, C., Jaber, F., Sleiman, M., 2018. Fototransformação de plástico contendo retardadores de chama bromados: fragmentação aprimorada e liberação de fotoprodutos na água e no ar. Environ Sci Technol. 52(19), 11123-11131.
Klein, S., Dimzon, I.K., Eubeler, J., Knepper, T.P., 2018.Análise, ocorrência e degradação de microplásticos no ambiente aquoso. In: Wagner M, Lambert S (eds) Microplásticos de água doce: contaminantes ambientais emergentes? Springer, Cham, pp 51-67.
Koelmans, A.A., Mohamed Nor, N.H., Hermsen, E. Kooi, M., Minteni, S.M., De France, J., 2019. Microplásticos em águas doces e água potável: revisão crítica e avaliação da qualidade dos dados Water Res. 155, 410-422.
Kuhn, S., Bravo Rebolledo, E. L., van Franeker, J. A., 2015. Efeitos deletérios do lixo na vida marinha. Em M. Bergmann, L. Gutow & M. Klages (Eds.), Marine anthropogenic litter (pp. 75-116). Berlin: Springer.
Lapointe, M., Farner, J.M., Hernandez, L.M., Tufenkji, N., 2020. Compreender e melhorar a remoção de microplásticos durante o tratamento da água: impacto da coagulação e floculação. Environ Sci Technol. 54(14), 8719-8727.
Lc der, MGJ., Imhof , H.K., Ladehoff, M., Lc schel, L.A., Lorenz, C., Minteni, S., Pieh,l S., Primpke, S., Schrank, I., Laforsch, C., Gerdts, G., 2017. Purificação enzimática de microplásticos em amostras ambientais. Environ Sci Technol. 51(24), 14283-14292.
Leslie, H.A., Brandsma, S.H., van Velzen, MJM., Vethaak, A.D., 2017. Microplásticos em rota: medições de campo no delta do rio holandês e nos canais de Amesterdão, estações de tratamento de águas residuais, sedimentos do Mar do Norte e biota. Environ Int. 101, 133-142.
Lopes, C., Fernandez-Gonzalez, V., Muniategui-Lorenzo, S., Caetano, M. e Raimundo, J. , 2022. Metodologia melhorada para extração de microplásticos do trato gastrointestinal de espécies de peixes gordos. Mar Pollut. Bull.181, 113911.
Lusher, A.L., Mchugh, M., Thompson, R.C. 2013. Ocorrência de microplásticos no trato gastrointestinal de peixes pelágicos e demersais do Canal da Mancha. Mar pollution Bull. 67(1-2), 94-99.
Mahon, A.M., O'Connell. B., Healy. M.G., O'Connor, I., Officer, R., Nash, R., Morrison, L., 2017. Microplásticos em lamas de depuração: efeitos do tratamento. Environ Sci Technol. 51(2), 810-818.
McGivney, E., Cederholm, L., Barth, A., Hakkarainen, M., Hamacher-Barth, E., Ogonowski, M., Gorokhova, E., 2020. Mudanças físico-químicas rápidas no microplástico induzidas pela formação de biofilme. Front Bioeng Biotechnol. 8, 205.
Miller-Chou, B.A., Koenig, J.L., 2003. Uma revisão da dissolução de polímeros. Prog Polym Sci 2, 1223-1270.
Moller, J.N., Loder, MGJ., Laforsch, C., 2020. Encontrando microplásticos em solos: Uma revisão dos métodos analíticos. Environ Sci Technol. 54(4), 2078-2090.
Nakajima, R., Lindsay, D.J., Tsuchiya, M., Matsui, R., Kitahashi, T., Fujikura, K., Fukushima, T., 2019a. Uma pequena peneira de aço inoxidável otimizada para extração de microplásticos de amostras ambientais com base em béqueres de laboratório. MethodsX 6,

16771682.
Nakajima, R., Tsuchiya, M., Lindsay, D.J., Kitahashi, T., Fujikura, K., Fukushima, T., 2019b. Um novo pequeno dispositivo feito de vidro para separar microplásticos de sedimentos marinhos e de água doce. PeerJ 7, e7915.
Ng, K.L., Obbard, J.P., 2006. Prevalência de microplásticos no ambiente marinho costeiro de Singapura. Marine Pollut Bull. 52(7), 761-767.
Obmann, B.E., Sarau, G., Schmitt, S.W., Holtmannspo tter , H., Christiansen, S.H., Dick, W., 2017. Desenvolvimento de um substrato de filtro ideal para a identificação de pequenas partículas microplásticas em alimentos por espetroscopia micro-Raman. Anal Bioanal Chem. 409(16), 4099-4109.
Prata, J.C., da Costa, J.P., Duarte, A.C., Rocha-Santos, T., 2019. Métodos de amostragem e deteção de microplásticos em água e sedimentos: Uma revisão crítica. Trends Anal Chem. 110, 150-159.
Quang, T.N., He, C., Morawska, L., Knibbs, L.D., Falk, M., 2012. Perfis verticais de concentração de partículas em torno de edifícios de escritórios urbanos. Atmos Chem Phys. 12(11), 0175030.
Rodrigues, S.M., Almeida, R. C. M., Ramos, S., 2019. Adaptação de um protocolo laboratorial para quantificar a contaminação por microplásticos em águas estuarinas. MethodsX 6:740-749.
sedimentos e biota. Environ Int. 101, 133-142.
Song, Y.K., Hong, S.H., Jang, M., Kang, J-H., Kwon, O.Y., Han, G.M., Shim, W.J., 2014. Grande acumulação de partículas de polímero sintético de tamanho micro na microcamada da superfície do mar. Environ Sci Technol. 48(16), 9014-9021.
Stock, V., Bohmert, L., Lisicki, E., Block, R., Cara, J., Laura, C., et al. , 2019. Absorção e efeitos de partículas microplásticas de poliestireno ingeridas por via oral in vitro e in vivo. Arch. Toxicol. 93, 1817-1833.
Su, Y.L., Zhang, Z.J., Wu, D., Zhan, L., Shi, H.H., Xie, B., 2019. Ocorrência de microplásticos em sistemas de aterros sanitários e seu destino com a idade do aterro. Water Res 164, 114968.
Summers, S., Henry, T., Gutierrez, T., 2018. Aglomeração de partículas nano e microplásticas na água do mar por fontes autóctones e produzidas de novo de substâncias exopoliméricas. Mar Pollut Bull. 130, 258-267.
Tagg, A.S., Harrison, J.P., Ju-Nam, Y., Sapp, M., Bradley, E.L., Sinclair, C.J., Ojeda, J.J., 2017. Reagente de Fenton para o isolamento rápido e eficiente de microplásticos de águas residuais. Chem Commun. 53, 372-375.
Tamminga, M., Stoewer, S.C., Fischer, E.K., 2019. Sobre a representatividade das amostras de água da bomba versus amostragem de manta na análise de microplásticos. Environ Pollut. 254, 112970.
Vojnovi'c, B., Mihovilovic', P., Dimitrov, N., 2024. Abordagens para amostragem e preparação de amostras para análise de microplásticos em efluentes de lavandaria. Sustentabilidade 16, 3401.
Wang, Z., Taylor, S.E., Sharma, P., Flury, M., 2018. Baixa eficiência de extração de nano e microplásticos de poliestireno de biossólidos e solo. PLoS One 13(11), e0208009.
Whalley, J., Zandi, S., 2016. Técnicas de amostragem de material particulado e métodos de modelação de dados. In:Sallis PJ (ed) Air quality - measurement and modeling.
Wolff, S., Kerpen, J., Prediger, J., Barkmann, L., Muller, L., 2019. Determinação da emissão

de microplásticos no efluente de uma estação de tratamento de águas residuais municipais usando microspectroscopia Raman. Water Res. X 2, 100014.

Wright, S.L., Levermore, J.M., Kelly, F.J., 2019. Imagem espetral Raman para a deteção de microplásticos inaláveis em amostras de material particulado ambiental. Environ Sci Technol. 53(15), 8947-8956.

Ziani, K., lomta-Mindrican, C. B., Mititelu, M., Neacsu, S. M., Negrei, C., Morosan, E., et al., 2023. Microplásticos: Uma verdadeira ameaça global para o ambiente e a segurança alimentar: A state of the art review. Nutrientes, 15, 617.

Wright, S. L., Thompson, R. C., Galloway, T. S., 2013. Os impactos físicos dos microplásticos nos organismos marinhos: A review. Environ Pollut. 178, 483-492.

Zhang, Y., Kang, S., Allen, S., Allen, D., Gao, T., Sillanp, M., 2020. Microplásticos atmosféricos: A review on current status and perspectives. Earth Sci Rev 203.

CAPÍTULO 4

# MÉTODOS DE IDENTIFICAÇÃO DE MICROPLÁSTICOS

**Por**

**Prof. Dr. Sahar W.M. Hassan**

**Dra. Aida H. Shobier**

**Dr. Safaa A. Abdel Ghani**

**Ahmed E. Abouelwafa**

**Amr El-Koweidy**

## Prefácio

Este capítulo fornece informações sobre os importantes métodos de identificação visual e microscópica no que respeita às vantagens e desvantagens de cada método. Para além dos métodos analíticos que utilizam a espetroscopia FT-IR, a espetroscopia Raman (RS) e a análise térmica. Além disso, foram também adoptadas novas abordagens para estratégias de identificação.

### 1. Métodos de identificação de microplásticos

A análise de microplásticos é de importância excessiva para rastrear MPs e avaliar a eficácia da remoção de MPs no ecossistema (Zhang et al., 2018). Consequentemente, a análise de MPs é uma necessidade significativa e uma base para o tratamento da poluição por MP. Atualmente, foram estabelecidas muitas práticas para a análise de MPs. Mas as informações sobre MPs obtidas por meio dessas técnicas de deteção são geralmente inconsistentes e desorganizadas. Tendo em conta este facto, a análise dos MPs pode ser dividida em identificação da composição química, caraterização física e análise quantitativa.

#### *1.1. Análise visual*

O exame visual é uma das técnicas mais amplamente utilizadas para a análise da caraterização física (Karlsson et al., 2020). O principal método de operação da técnica de análise visual consiste em observar as amostras pré-tratadas com os microscópios ou a olho nu, seguindo-se uma classificação e contagem aproximadas de acordo com o tamanho, a forma e a cor das MPs. Por último, as MP são selecionadas com uma pinça (Dris et al., 2015).

A técnica de análise visual tem como vantagens o baixo custo, o baixo risco químico e a operação simples (von Moos et al., 2012). No entanto, a análise visual não permite obter dados sobre os constituintes químicos dos MP (Lavers et al., 2016). Além disso, a veracidade e a eficácia da técnica de análise visual são comparativamente baixas devido ao efeito de outros factores nos resultados experimentais, incluindo os meios ambientais, as impurezas nas amostras, a forma e a cor dos microplásticos (Lavers et al., 2016). Por exemplo, a técnica de análise visual deixa de ser adequada no caso de partículas de tamanho muito pequeno ou da presença de outras impurezas na amostra (Song et al. 2015; Shim et al., 2017). Por conseguinte, a técnica de análise visual é geralmente utilizada apenas como uma técnica auxiliar para a análise de MPs, em vez de uma técnica de análise de MP independente. A análise visual pode ser agrupada em análises a olho nu e microscópicas. O olho nu só pode ser utilizado para a identificação preliminar de MPs com um tamanho de partícula de 1 -5 mm (Shim et al., 2017), enquanto a análise microscópica pode ser utilizada para a identificação de MPs com tamanho de centenas de mícrons e acima (Cluzard et al. 2015; Dris et al. 2015). A microscopia inclui geralmente a microscopia eletrónica e a microscopia ótica.

A microscopia ótica é uma técnica de análise económica e conveniente (von Moos et al.

2012). No entanto, a precisão da identificação utilizando os microscópios ópticos é ainda comparativamente baixa. Por exemplo, a taxa de erro na identificação de MPs é ainda superior a 20% utilizando a microscopia ótica comum (Hidalgo-Ruz et al., 2012) e esta taxa de erro é superior a 70% no caso de MPs transparentes (Song et al. 2015). Além disso, é problemático identificar e analisar MPs com tamanho de partícula inferior a 100 um (Hidalgo-Ruz et al. 2012; Song et al. 2015). Assim, a microscopia ótica é frequentemente associada à microscopia eletrónica para diminuir a taxa de erro na identificação de microplásticos. Em comparação com a microscopia ótica, a microscopia eletrónica pode diferenciar os MPs das impurezas particuladas devido a uma imagem mais clara e a uma maior ampliação (Shim et al., 2017; Wagner et al., 2017).

### *1.2. Análise microscópica*

#### *1.2.1. Microscopia microscopia estereoscópica (ou de dissecação)*

O estereomicroscópio permite o exame a 3 dimensões, observando a amostra de 2 ângulos ligeiramente diferentes para obter as duas imagens necessárias à imagem estereoscópica. Assim, é provável que se detecte a matéria principalmente por meio de luz reflectida com pequena amplificação, naturalmente entre 8 e 50 períodos. O sistema de luz dos microscópios estereoscópicos provém de cima, ao contrário do microscópio visual em que o feixe de luz provém de baixo e marca a amostra. Nalguns casos, existe também uma iluminação dupla. Ao contrário do microscópio ótico com mais ampliações, é adequado para a deteção de células microbianas inteiras e de lâminas resistentes. Embora a menor ampliação do estereomicroscópio possa parecer um limite, tem, de facto, vantagens por ser muito fácil de utilizar para aprender matérias que podem ser detectadas a olho nu (Mariano et al., 2021).

O estereomicroscópio é um instrumento valioso e amplamente utilizado para o reconhecimento de MPs cujos tamanhos se situam na ordem das centenas de microns. A Figura 19 apresenta alguns exemplos de formas diversas de MPs de amostras de água do mar. As imagens do microscópio ampliado fornecem informações estruturais abrangentes e a estrutura da superfície dos materiais é vital para reconhecer a tipologia pouco clara das partículas de plástico. Embora várias partículas com tamanho de poucos microns sejam óbvias ao microscópio, as partículas com menos de 100цт com forma transparente ou que exibem uma forma específica são difíceis de descrever (Song et al., 2015). Principalmente amostras de sedimentos densos podem dificultar o reconhecimento microscópico de MPs em papel de filtro. Além disso, quando uma amostra inclui substâncias que não podem ser erradicadas por digestão química, a identificação fica comprometida (Mariano et al., 2021).

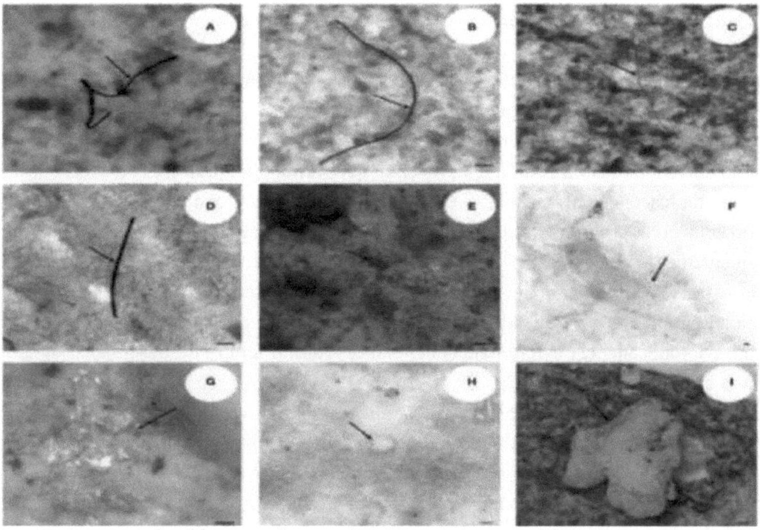


**Figura 19:** Imagens de diferentes formas de MPs em amostras biológicas. As setas indicam as fibras (A-D), os fragmentos (E,F), a película (G) e os grânulos (H,I). Barra de escala =100ЩТ. Esta figura é reproduzida de Ding et al. (2019) com permissão da Royal Society of Chemistry (RSC).

Numerosas investigações relataram que as partículas semelhantes a plástico reconhecidas por estereomicroscopia, e consequentemente reconhecidas por outros métodos, são cerca de 20-70% do total de partículas existentes, no caso de partículas transparentes (Song et al., 2015). Adicionalmente, as fibras naturais e sintéticas (elementos muito abundantes em amostras de água, sedimentos e biota) são difíceis de reconhecer utilizando o estereomicroscópio (Lusher et al., 2013). O estereomicroscópio é aplicado para reconhecer MPs de acordo com a aparência física. É o primeiro método de rastreio que permite o reconhecimento rápido do tamanho, cor e forma das partículas, que serão mais bem descritas noutras abordagens.

### *1.2.2. Microscopia de fluorescência*

Ao contrário do microscópio ótico, que depende da reflexão da luz sobre a amostra, provocando o contraste da imagem, o microscópio de fluorescência recolhe a libertação de fluorescência das amostras, que depende da excitação por um comprimento de onda preciso (Figura 20). A amostra analisada, incluindo principalmente organismos vivos como tecidos, bactérias ou células, contém um material chamado fluoróforo que pode existir previamente na amostra analisada (Mariano et al., 2021).

Esta substância pode ser excitada por uma luz laser e, nessa altura, liberta luz fluorescente. Nos métodos mais antigos, o laser é geralmente emitido no visível (pinhole) e incide sobre um ponto do alvo a detetar. Devido ao curto comprimento de onda, cada molécula de fluoróforo excitada liberta fluorescência no foco e na zona circundante.

O comprimento de onda da luz libertada pelo fluoróforo deve ser 50-200 nm mais longo do que o do laser excitador, uma vez que apresenta mais energia do que o fotão incidente. Por exemplo, um fluoróforo pode absorver um comprimento de onda de 360 nm e produzir um comprimento de onda de 450 nm (Mariano et al., 2021).

Num microscópio confocal de varrimento a laser, o feixe de luz ilumina apenas uma pequena quantidade (ponto). Por conseguinte, o detetor não detecta uma imagem completa, mas apenas a intensidade da luz proveniente de um ponto da preparação. Deslizando o ponto ao longo de um plano ou mesmo num volume, é possível recriar a imagem da amostra em três dimensões ou secções. O método de excitação apresenta numerosas desvantagens, tais como o facto de a excitação do fluoróforo ocorrer não só no foco, onde se concentra a potência do laser, mas também abaixo e acima do plano focal, no cone que forma o laser através da focalização. Isto cria uma fluorescência indesejável mesmo na localidade do foco, parcialmente erradicada pelo orifício com um ruído circunstancial adicional que diminui a relação sinal/ruído e, consequentemente, a resolução. As varreduras tridimensionais e a varredura em profundidade das amostras são principalmente restritas. Além disso, o laser ultravioleta pode ser tóxico e prejudicial para a amostra, quando se examinam substâncias orgânicas. A influência do laser UV causa fotodecadência e fototoxicidade, o que reduz o tempo de observação da amostra (Mariano et al., 2021).

A microscopia de fluorescência tem sido aplicada para investigação de MPs e amostras biológicas (Prudent e Raoult, 2019). O consumo de NPs / MP pelo copépode *Thalassomya japonicas* foi estudado por microscopia de fluorescência (Lee et al., 2013). Eles selecionaram 3 tamanhos diversos de microesferas para avaliar a consequência do tamanho dos MPs na fecundidade, desenvolvimento e sobrevivência de *T. japonicas*.

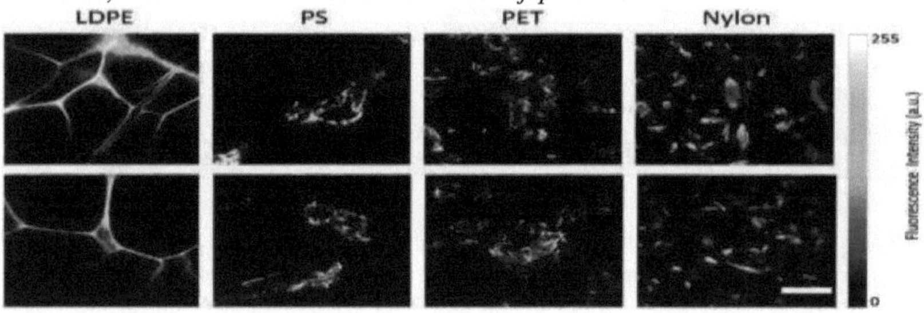


**Figura 20**: Imagens representativas de microscopia de fluorescência confocal de MPs dispersas em água e coradas com vermelho do Nilo. Da esquerda para a direita: polietileno de baixa densidade (LDPE), poliestireno (PS), politereftalato de etileno (PET) e poliamida (nylon). Os sinais de emissão de fluorescência são adquiridos na gama de 520-720 nm a lex = 500 nm. A barra de escala é 200цт. Esta figura é reproduzida de Sancataldo et al. (2020) com permissão da Royal Society of Chemistry (RSC).

A microscopia de fluorescência é um plano valioso, principalmente para plásticos transparentes e brancos, para reconhecer MPs com base na capacidade distinta de libertar fluorescência (Noren, 2008). Este plano diminui o desapontamento com o reconhecimento das MPs e pode reduzir o limite de tamanho das MPs observadas quando combinado com a imagiologia. O reconhecimento de MPs em diversas matrizes também pode ser baseado na quantificação de esferas fluorescentes com métodos de microscopia (Catarino et al., 2019, Schur et al., 2019).

Até agora, no entanto, o estudo da passagem de MPs através da membrana biológica tem sido indeciso, porque as soluções de NPs marcadas podem ter corante livre residual que se desprende num meio alterado (ou seja, afinidade biológica, sais ou pH) e a força da fluorescência total nas células após a exposição a MPs pode ser incorretamente relacionada com a incidência de nanopartículas, quando na verdade é desencadeada por fluoróforo livre

(Tenuta et al., 2011; Andreozzi et al., 2013). Uma restrição adicional na visualização de MPs é conhecida pelos aditivos químicos utilizados no processo de síntese, que também podem afetar as caraterísticas fluorescentes (Piruska et al., 2005).

Por exemplo, os aditivos podem apresentar caraterísticas fluorescentes e interferir com as medições de fluorescência microscópica (Lee et al., 2020). Consequentemente, é essencial erradicar estas contaminações tanto quanto possível com um pré-tratamento adequado (Elert et al. 2017) e enxaguamento da superfície com digestão enzimática, oxidantes ou ácidos (Loder et al., 2017). Estes pré-tratamentos só podem eliminar as contaminações ou os poluentes da superfície, mas não diminuem as possíveis implicações dos produtos químicos contidos nos microplásticos. Um novo método aplicado para o reconhecimento de MPs é a utilização do corante vermelho do Nilo para marcar fragmentos de plástico, especialmente ao analisar organismos ou tecidos (Cole et al., 2013).

### *1.2.3. Microscopia eletrónica de transmissão (TEM)*

O TEM apresenta uma resolução muito elevada que permite a deteção de amostras de dimensões minúsculas em função das propriedades da onda de electrões, libertada por uma fonte emissora de campo ou por um filamento muito fino de substância termoiónica, no caso dos TEM de nível superior. Nesse momento, a passagem dos electrões para o condensador magnético ocorre através de um orifício situado no ânodo. O TEM é o método mais utilizado na descrição de nanomateriais, fornecendo imagens e informações químicas de nanomateriais com uma resolução espacial equivalente ao nível das dimensões atómicas (Dini et al., 2015). O feixe de electrões através do qual a luz incidente é transferida através de uma amostra de folha fina é transformado em electrões inelasticamente ou dispersos quando o feixe de electrões se inter-relaciona com a amostra.

Os procedimentos de deteção estão numa fase inicial de progresso e, até à data, não foram detectadas nanopartículas em matrizes moles por TEM. O TEM não é eficaz para mostrar NPs devido à estrutura amorfa; de facto, os MPs e NPs não são electrondensos e as manchas de metais pesados são essenciais. Os polímeros são normalmente constituídos por componentes que apresentam um contraste reduzido na MET devido às fracas interações elásticas com os electrões. Como tal, a utilização de corantes de elementos pesados é uma técnica geral que permite a obtenção de imagens da microestrutura de espécimes orgânicos (Sawyer et al., 2008). No entanto, revelou-se que os corantes alteram a estrutura química dos polímeros. Os electrões são dispersos inelasticamente devido a numerosos fenómenos físicos.

A ionização dos electrões da camada central, a excitação plasmónica e a excitação fónica, estes electrões dispersos inelasticamente são capazes de ser examinados espectroscopicamente utilizando um método denominado espetroscopia de perda de energia eletrónica (EELS) (Egerton, 2011). O contorno normal da EELS tem a forma de uma ligação a um TEM. Isto torna a EELS um meio poderoso para examinar a estrutura química dos polímeros com grande resolução espacial, para além de investigar as caraterísticas dieléctricas da película.

Além disso, a TEM pode ser combinada com fluorescência, que oferece dados fluorescentes mostrados como uma cobertura de cor em imagens TEM valiosas para oferecer alguma forma de propriedades químicas (Sims e Hardin, 2007). Assim, a MET não está incluída entre as técnicas utilizadas na caraterização de MPs. De facto, a MET é muito aplicada na investigação das influências dos microplásticos em sistemas modelo. Por exemplo, Sun et al. (2018) examinaram os impactos tóxicos de MPs e NPs na bactéria marinha *Halomonas alkaliphila*, definindo a inibição do crescimento, espécies reativas de oxigênio, conversão de nitrogênio inorgânico e composição química. Em outra investigação, a fim de avaliar o provável efeito dos MPs (PVC, PE, PET e PP) nas microalgas, foi realizada a caraterização TEM, a variação da estrutura celular e a inibição do crescimento (Song et al., 2020).

### *1.2.4. Microscopia eletrónica de varrimento (SEM)*

O MEV é um método microscópico capaz de fornecer informações sobre a morfologia da estrutura superficial dos MPs, criando imagens de alta resolução da superfície. Além disso, pode fornecer informações sobre a estrutura química das amostras, uma vez que pode ser preparado com detectores para Espectroscopia de Raios X por Dispersão de Energia (EDS) (Figura 21). Os electrões primários entram no espécime sólido e são criados diferentes processos de dispersão (elásticos e inelásticos), sendo os diversos sinais relacionados recolhidos por diversos sistemas de detectores para criar uma imagem (Bogner et al., 2007). Em geral, os electrões secundários oferecem uma imagem abrangente que ajuda a reconhecer a morfologia dos materiais, mas a transferência de electrões retrodispersos através do espécime produz uma força elevada que oferece dados sobre o contraste e a topografia do material, dependendo do número atómico (Z).

As amostras com elementos de maior número atómico (Z) produzem electrões mais retrodispersos do que os elementos de menor Z. Este fenómeno permite distinguir diferenças na composição da amostra (Reimer, 1993). O EDS não é um método distinto do SEM, mas um detetor suplementar que permite ao observador obter informações quantitativas e qualitativas sobre o exame elementar da amostra. Contém um feixe de electrões criado por um cátodo de microscópio eletrónico. Uma vez que o feixe de electrões primários atinge a superfície da amostra, são produzidas várias interações, especialmente raios X. Estas interações fornecem informações sobre a distribuição espacial
da amostra. O SEM-EDS é frequentemente considerado como um método dispendioso.

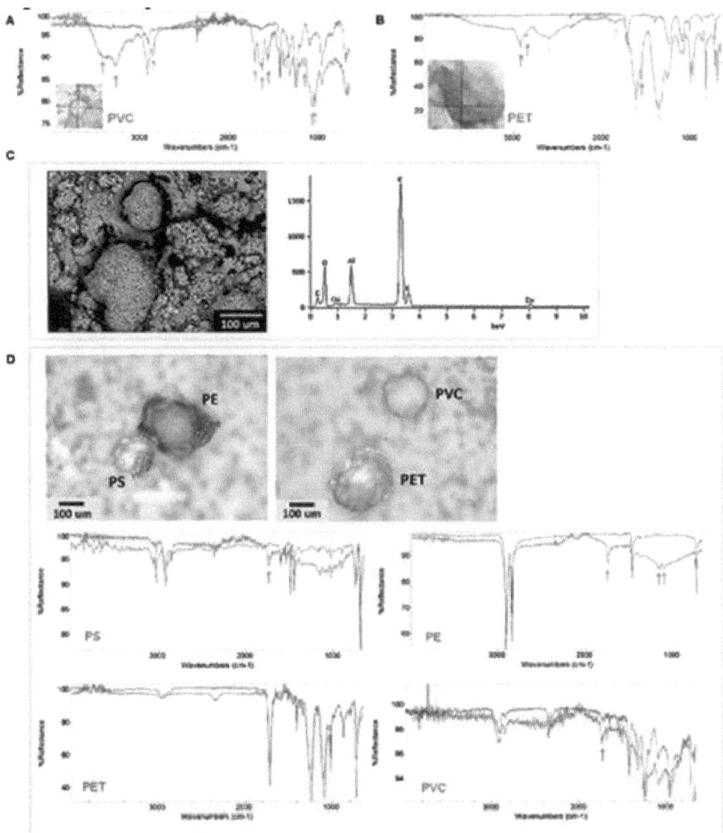


**Figura 21:** Partículas de microplástico extraídas do trato gastrointestinal da medaka em laboratório. Para todos os espectros FTIR, as MPs extraídas (vermelho) são comparadas com as MPs de referência originais (azul).
Wagner et al. (2017).

### *1.2.5. Microscopia de força atómica (AFM)*

O AFM é utilizado quando é necessário efetuar medições em substâncias não condutoras sem recorrer à superfície, as quais, embora semelhantes a alguns microscópios anteriores em algumas propriedades comuns, assentam numa atitude operacional totalmente diferente. Neste tipo de microscópio, um material condutor inflexível é fixado à extremidade da micro-alavanca ou a uma haste que ajuda a pressionar a ponta sobre a amostra durante o processo de medição. O fluxo do cantilever ocorre na superfície da amostra que passa ao longo dos 3 eixos cartesianos através de um movimento induzido por uma máquina piezoeléctrica. Um sistema de controlo permite manter a ponta num estado de altura constante ou de força constante. As oscilações do cantilever são observadas através de uma organização ótica para registar acções muito pequenas da barra que suporta a ponta. A aparência real da amostra é recriada através do tratamento da informação relativa (i) ao modo comparativo do movimento entre a ponta e a amostra (ii) aos resultados em tempo real da distância amostra-ponta (Haggerty e Lenhoff, 1993). No que respeita aos modos de interação entre a ponta e a superfície da amostra, os AFM podem ser utilizados em (i) Modo de contacto, (ii) Modo sem contacto e (iii) Modo de batida.

(1) Estilo de contacto: O contacto físico entre a superfície a examinar e a ponta e a responsabilidade pela torção da alavanca são influenciados pelas forças repulsivas de Van der Waals e pelas interações electrostáticas, com um valor médio de 10-9 N. A alavanca deve apresentar uma constante elástica menor, evitando assim pressões extremas sobre a amostra e a alteração da superfície. A altura da alavanca pode ser mantida constante ou pode ser ajustada através do circuito de feedback, evitando danificar a ponta. Esta técnica de exame é utilizada para amostras rígidas, que não são prejudicadas pela ligação com a ponta. A fase mais séria do exame é o acoplamento, que é o método da sonda à superfície. Qualquer erro no processo pode causar a quebra da ponta ou danos na amostra da superfície.

No caso do modo sem contacto, a ponta é mantida a uma distância de apenas alguns nanómetros da amostra e entra em ressonância para obter uma vibração ininterrupta. As variações da frequência de oscilação devidas às forças de interação de Van der Waals dependem da distância da ponta à amostra e são utilizadas para recriar a imagem da superfície. Este tipo de análise é utilizado com materiais demasiado macios, que podem ser danificados pelo contacto com a ponta. Esta técnica permite resoluções máximas mas necessita de alavancas com elevadas constantes elásticas. A alavanca vibra a frequências próximas da de ressonância e é reservada a uma distância tal que a ponta entra em contacto transitório com a superfície da amostra quando a amplitude da oscilação é máxima. Na maioria dos casos, a força aplicada pela ponta é absorvida sem danos para a amostra.

Comparando com a análise AFM e SEM, a AFM permite mais caraterização compreendendo hidrofobicidade (Fu e Zhang, 2018), magnetização (Middea et al., 2015) ou rigidez (Zhang et al., 2012), Ultimamente, o método tem sido usado para investigar o processo de degradação de MPs no ecossistema marinho, na existência de bactérias aderindo à superfície (Dussud et al., 2018). Em outro estudo, Luo et al. (2020) organizaram efetivamente MPs revestidos por um nano-$TiO_2$, e observaram as caraterísticas mecânicas dos MPs e térmicas, infravermelho em nanoescala de MPs antes e depois do fotoenvelhecimento combinando AFM com método analítico. No entanto, a AFM tem algumas restrições. Em primeiro lugar, a AFM não pode impedir factores externos como a poluição; além disso, a ponta pode produzir artefactos derivados, por exemplo, do dano provocado pela interação da amostra com a ponta (Jagtap e Ambre, 2006). Além disso, a ligação pode produzir fragmentos, no caso de adesão de polímeros, à ponta e pode libertar uma amostra inadequada (Ukraintsev et al, 2012). Por conseguinte, a AFM é uma técnica talentosa para a caraterização de NPs e MPs, embora seja desejável um agrupamento com outros métodos.

### *1.3. Métodos analíticos*

#### *1.3.1. Espectroscopia FT-IR (IR)*

A espetroscopia de infravermelhos é um método espetroscópico de absorção geralmente utilizado na área da caraterização de substâncias através da investigação de ligações químicas. Quando a molécula absorve um fotão de infravermelhos, passa da condição vibracional principal para uma condição vibracional motivada. Num espetro típico de infravermelhos, na abcissa, descobrimos o número de onda do fotão incidente na ordenada da transmitância. As vibrações podem ser de 2 tipos: deformação do ângulo de ligação ou alongamento da ligação química. A espetroscopia FTIR ou IR é feita utilizando um interferómetro, que permite o varrimento das frequências totais existentes na radiação IR criada pela fonte. A varredura apresenta uma variação no caminho ótico, que resulta em interferência destrutiva ou

construtiva com o raio revelado por um espelho imóvel.
Ao utilizar a transformada de Fourier, o interferograma é alterado para um espetro com picos que correspondem a vibrações moleculares ou ligações químicas precisas (Smith, 2011). Entre as principais vantagens da FTIR, destaca-se o facto de oferecer uma melhor apresentação, com uma maior capacidade de obtenção de energia, o que conduz a uma relação ruído/sinal muito melhor do que a espetroscopia de IV à moda antiga. Além disso, o tempo de análise é significativamente reduzido. As figuras 21A,B,D mostram os espectros de FTIR de algumas microplacas resultantes do trato gastrointestinal da Medaka (*Oryzias latipes*). Em cada investigação, as amostras de MPs são motivadas, resultando em vibrações notadas com precisão, permitindo um espetro com uma gama de impressões digitais, que designa a natureza da substância, que pode ser reconhecida através da correspondência com os espectros de referência identificados. Jung et al. (2018), por exemplo, ofereceram uma validação conclusiva da reflectância total atenuada (ATR FTIR) para reconhecer tipos consumidos de polímero plástico em tartarugas marinhas.
u-FTIR tem sido amplamente utilizado em trabalhos de microplásticos para caraterizar e encontrá-los em alimentos (Li et al., 2018), águas superficiais (Wu et al., 2019), organismos marinhos (Zhang et al., 2020) e o sedimento (Peng et al., 2017), O método permite reunir sinais de IR em uma alta resolução espacial para caraterizar amostras complexas. Por exemplo, Zhang et al. (2020) fizeram análises de u-FTIR sobre poluição de MPs para 28 estações de sedimentos na Baía de Sishili, reconhecendo vários tipos de polímeros, incluindo PU, rayon, PMMA, PS, PP, PET, PA e PE.

### *1.3.2. Espectroscopia Raman (RS)*

A espetroscopia Raman é um método que se baseia no contacto entre o material e a radiação. Este método depende da interação entre os movimentos vibracionais das moléculas e uma radiação laser que provoca a reemissão de luz em comprimentos de onda representativos dos grupos atómicos definidos. Um espetro Raman é assim produzido pela dispersão inelástica entre as moléculas e os fotões de uma radiação existente (Ribeiro-Claro et al., 2017). Uma parte da radiação é difundida à frequência n0 através da irradiação da amostra também à frequência n0 (fenómeno conhecido como dispersão de Rayleigh). A gama da radiação dispersa também introduzirá um grupo de linhas com uma frequência mais baixa ou mais alta do que a linha Rayleigh, como resultado da difusão inflexível (Kauffmann et al., 2019). A RS é outro método analítico químico valioso para o reconhecimento de MPs em diversas amostras ambientais: Van Cauwenberghe et al. (2013) estudaram partículas de plástico à escala micrométrica em sedimentos de águas profundas recolhidos em 4 locais como representante de diversas habitações de águas profundas (de 1100 a 5000m); Cole et al. (2013) afirmaram que 13 taxa de zooplâncton tinham a capacidade de consumir esferas de poliestireno (1,7-30,6p. m) com o consumo a variar de acordo com o tamanho da esfera e a fase de vida. Murray e Cowie (2011) observaram bolas de fios de plástico fortemente torcidos nos intestinos do lagostim, e RS designou que alguns dos microfilamentos reconhecidos pelos componentes intestinais podem ser resultantes de resíduos de pesca.
Imhof et al. (2013) recolheram amostras de sedimentos das praias do Lago de Garda para o reconhecimento de MPs. A quantificação e a deteção foram conseguidas utilizando a microespectroscopia Raman, que permite o exame de partículas inferiores ao intervalo um. A espetroscopia Raman tradicional identifica geralmente MPs com mais de 10um, enquanto a espetroscopia micro-Raman (espetroscopia u-Raman) permite detetar MPs até 1um. Representa uma incorporação entre o microscópio ótico e o espetroscópio Raman, tornando

possível a seleção visual da área exacta da amostra a investigar, o que permite a sua utilização em diversas áreas científicas, como as ciências dos materiais, a geologia, a farmácia, a medicina, a biologia forense e o ambiente. Nos últimos anos, tem sido aplicada ao nível da investigação universitária para o reconhecimento de microplásticos em água engarrafada, a fim de investigar a descarga de microplásticos das embalagens (Tong et al., 2020). O quadro 6 apresenta outras utilizações da espetroscopia u-Raman no que respeita ao reconhecimento de MPs em várias amostras ambientais, como sedimentos, organismos, água doce, cosméticos e bebidas, etc. A RS apresenta várias vantagens em relação à espetroscopia FTIR.

Permite o exame não destrutivo de coisas, em qualquer estado de acumulação, com a habitual redução da preparação da amostra através de lasers de diversas potências capazes de criar caraterísticas do espetro Raman do material investigado. Da mesma forma, a espessura da amostra não é essencial na medição. É possível a investigação de amostras em filme, superfície, gás, sólidos. A deteção pode ser feita a várias temperaturas. Os espectros a baixa temperatura (10K) permitem minimizar qualquer prejuízo provocado na amostra pelo aquecimento local provocado pelo laser; (ii) comparar com as pesquisas realizadas com outras técnicas que fornecem boas classificações a baixas temperaturas. Entre os inconvenientes, a fluorescência pode ser um problema grave se for combinada com a espetroscopia Raman.

Guselnikova et al. (2024) monitorizaram amostras complexas com vários MPs através do desenvolvimento de um algoritmo de rede neural (NN) denominado SpecATNet que funciona com uma máquina de auto-atenção para determinar as dependências e formas complexas nos dados SERS para reconhecer vários tipos mútuos de MPs: nylon, politetrafluoroetileno, polietileno, poliestireno, polietileno, tereftalato e polimetilmetacrilato.

**Tabela 6:** Aplicação da ц-Ramanspectroscopia na caraterização de MPs (Mariano et al., 2021).

| Origem/matriz/referência | Tipo de deputado | Tamanho dos deputados | Resultados |
|---|---|---|---|
| Mar Cáspio/sedimento (Mehdinia et al., 2020) | PS, PE | 250- 500цт | A espetroscopia ц-Raman detectou apenas PS e PE nas amostras estudadas. Em geral, os tipos de polímeros indicaram menor diversidade em comparação com os relatados em tais áreas no mundo. |
| Lago Dongting Este/sedimento (Yin et al., 2020) | PET, PP, PE PS, PA, PVC, PMMA CL | 0,05-5mm | Oito tipos de MPs com diferentes composições de polímeros foram identificados por espetroscopia ц-Raman. O estudo concluiu que a abundância de MPs no sedimento da área urbana do Lago Dongting é menor do que a da área rural. |
| Alemanha/solo (Paul et al., 2019) | PE, PP, PS, PET | <125цт | Os MP dos materiais PE, PP, PS, PET e PVC podem ser detectados em solos a níveis de cerca de 1 massa% após um condicionamento mínimo, por exemplo, peneiração e secagem do material |
| Itália/vinho branco (Prata et al., 2020b) | PE | 38-475цт | A espetroscopia ц-Raman foi utilizada pela primeira vez em bebidas complexas na identificação de partículas de MPs em vinhos brancos, permitindo a identificação de pelo menos uma partícula sintética para cada garrafa, exceto em dois casos. |
| Malásia/farinhas de peixe (Karbalaei et al., 2020) | PE, PP | 855,82цт ± 1082,90SD | A composição química das partículas extraídas do tipo MP foi confirmada utilizando a espetroscopia ц-Raman. Das 336 partículas extraídas, 64,3% eram polímeros de plástico, 25% partículas de pigmento, 4,2% itens não plásticos e 6,5% não foram identificados. Os fragmentos foram a forma dominante de MPs (78,2%), seguidos de filamentos (13,4%) e filmes (8,4%). |

### *1.3.3. Análise térmica*

Para além das caraterísticas de dispersão Raman ou da absorção de IR diversa, os polímeros plásticos também variam em termos de permanência térmica. A identificação de MPs através de métodos termo-analíticos inclui alternâncias nas caraterísticas químicas e físicas dos polímeros (Majewsky et al., 2016). A técnica baseia-se no reconhecimento do polímero devido aos seus produtos de degradação. O progresso dos procedimentos térmicos é crucial para a caraterização dos MPs em caso de baixa solubilidade, aditivos que não podem ser facilmente hidrolisados, extraídos ou dissolvidos. O método analítico térmico inclui métodos como a pirólise-cromatografia gasosa-espetrometria de massa (py-GC-MS), termogravimetria (TGA), calorimetria diferencial de varrimento (DSC), e o agrupamento destas técnicas A DSC é um método de análise térmica para estimar o fluxo de calor e a temperatura que acompanham as transições que ocorrem numa amostra, as transições de vidro, a cinética de cristalização de objectivos poliméricos e as entalpias de fusão.

O princípio fundamental desta técnica consiste em obter dados sobre a matéria através do seu arrefecimento ou aquecimento de forma controlada. Em particular, a DSC baseia-se na estimativa da variação do fluxo de calor entre a amostra de referência e a amostra sob investigação, enquanto ambas estão ligadas a uma temperatura ajustável definida por um programa pré-estabelecido. A DSC é um método vital para a investigação de substâncias poliméricas, mas necessita de substâncias de referência. Na verdade, é normalmente utilizado para o reconhecimento de microplásticos primários, como as microesferas de PE, que têm propriedades conhecidas (Castaneda et al., 2014). No entanto, a aplicação da DSC para a investigação de plásticos como o acrilonitrilo butadieno (ABS), o policarbonato (PC), o polimetacrilato de metilo (PMMA) e o poliestireno (PS), entre outros, tem restrições, uma vez que a fusão destes plásticos ocorre a uma temperatura variada. Além disso, a quantificação em massa de microplásticos em amostras ambientais também foi declarada (Majewsky et al., 2016). Outras restrições são a falta de especificidade na descrição de uma mistura de microplásticos com pontos de fusão estreitamente espaçados (Majewsky et al., 2016) e a sobreposição de picos de fusão.

O Py-GC-MS está entre os métodos analíticos que demonstraram uma utilização bem sucedida na investigação de substâncias plásticas. É perfeito para quantificar e identificar instantaneamente os microplásticos mais abundantes em amostras complexas. A estimativa semi-quantitativa para cada tipo de plástico existente, especialmente para quantidades vestigiais (ppb ou inferiores), oferece a identificação precisa do polímero em amostras animais e ambientais. O software de investigação e as bibliotecas dedicadas aos polímeros e aditivos aceleram a identificação. A técnica analítica é independente do aspeto das partículas e da pré-seleção mecânica, embora a preparação correta da amostra seja vital e deva ser avaliada de acordo com a origem e a natureza da amostra (Penalver et al., 2020). A amostra, com uma massa até 350 mg, é degradada através de degradação térmica numa atmosfera inerte e os fragmentos que produzem a estrutura do polímero podem ser destacados por GC e descritos.

Este método tem limitações e vantagens. Como a técnica não necessita de qualquer pré-tratamento da amostra, além disso, permite a caraterização de aditivos e polímeros existentes na amostra e diminui o custo e o tempo em comparação com outras técnicas de extração por solvente aplicadas no exame de partículas marinhas de MPs (Fries et al., 2013). Uma das principais restrições da caraterização de MPs por Py-GC-MS é a privação de informação sobre o tamanho das partículas. Assim, em algumas investigações, este método foi associado a outras ferramentas, como FTIR e microscopia. Por exemplo, Primpke et al. (2020) compararam os dados de Py-GC/MS hiperespectral e de imagem de FTIR e a análise feita num grupo de amostras ambientais com diferentes graus de contaminação e complexidade de MP usando a combinação anterior. Com esta combinação, coordenaram uma série de dados relacionados com o número de partículas ou com a massa.

A análise térmica oferece uma técnica substituta da espetroscopia para a identificação de alguns polímeros. No entanto, é um método destrutivo que dificulta a análise de MPs. Assim, é desfavorável aplicar estas técnicas analíticas para a identificação de MPs, mas podem ser valiosas para o rastreio primário de amostras a granel para posterior análise por espetroscopia. A Tabela 7 resume as vantagens e limitações dos diferentes métodos utilizados para a caraterização de MPs.

**Tabela 7:** Vantagens e limitações dos métodos actuais para a caraterização de MPs e o intervalo atual de TRL estimado relativo (Mariano et al., 2021)

| **Método de identificação** | **Vantagens** | **Limitações** | **Estimadas TRL gama atual** |
|---|---|---|---|
| Microscopia estéreo<br>- rápida e fácil | Rápido e fácil<br>- Identificação da forma, tamanho e cores -<br>- Falta de dados sobre partículas transparentes ou pequenas | Não confirma a natureza plástica da partícula<br>Não há resultados da composição do polímero | 5 y. |
| Microscopia Eletrónica de Transmissão | Resolução muito elevada (<0,1 nm)<br>- Análise elementar das partículas se-<br>partículas<br>acoplado com EDS> 100 nm<br>- Capacidades analíticas com EELS | Muito dispendiosa em termos de tempo<br>Exigir a preparação da amostra para a dimensão das | 1-2 |
| Microscopia eletrónica de varrimento | - Imagens nítidas e de alta resolução de<br>Partículas -<br>- Análise elementar das partículas se-<br>associado ao EDS<br>- Não entra gás na câmara se estiver acoplado<br>Modo ESEM | Expensive<br>Muito tempo e esforço para análise<br>Falta de informação sobre o tipo de polímero | 4-6 |
| Microscopia de força atómica | Sem danos por radiação da amostra<br>- Contaminação da superfície da amostra conservada<br>- Imagens 3D da estrutura da superfície de-<br>os polímeros a amostra<br>~~Melhor resolução obtida (0,3 nm )~~ | Sem prevenção de factores externos como<br>Danos causados pela interação da ponta com | 2-4 |
| Microscopia de fluorescência | Fácil-<br>- Deteção de partículas transparentes para a<br>- Visualização imediata das partículas-<br>fluorescência | O laser no ultravioleta pode ser nocivo e tóxico<br>amostra<br>Os aditivos químicos podem interferir com | 4-6 |
| Raman Espectroscopia | Deteção de pequenos MPs (1цт) e NPs<br>(<1цт)<br>- Sem dados falsos positivos ou negativos -<br>- Análise não destrutiva de materiais -<br>- Análise de amostras em solução, gás, película, superfície,<br>sólidos e monocristais é possível | Instrumentação dispendiosa<br>- Demora muito tempo<br>Interferência com pigmentos<br>Possíveis fragmentos libertados por<br>polímero adesivo | 5-7 |
| FTIR espetroscopia | Confirmação da composição do<br>MPs-<br>- Nenhum fator de dados falso positivo ou negativo<br>- Deteção de pequenas partículas de plástico (menos de 20цт) com um filtro<br>ц-FTIR<br>- Análise não destrutiva de materiais | Expensive<br>A radiação de comprimento de onda pode ser um limitador de deteção<br>demorada para analisar todas as partículas em | 5-7 |
| Análise térmica | Análise não destrutiva de materiais<br>Caracterização de MPs de baixa solubilidade -<br>e aditivos | Técnica destrutiva<br>Dados complexos | 3-5 |

### *1.4. Novas abordagens para estratégias de identificação*

Como foi descrito, o reconhecimento de MPs geralmente necessita de um microscópio. No entanto, a técnica ainda tem restrições, devido à probabilidade de realizar a identificação e a caraterização (Lenz et al., 2015; Song et al., 2015). Por conseguinte, é previsível que seja associada a métodos analíticos. O espetroscópio Raman ou FT-IR preparado com amicroscópio tem sido habitualmente utilizado para a identificação química de polímeros à microescala, compreendendo a confirmação qualitativa dos tipos de polímeros (Prata et al., 2020a; Zhang et al., 2020).

Permitem igualmente o reconhecimento de MP com dimensões de dezenas de microns, mas é frequentemente essencial efetuar a análise várias vezes para obter espectros fiáveis para as partículas de plástico muito pequenas. As técnicas analíticas requerem dispositivos dispendiosos e um tempo de análise muito longo, particularmente no caso de um elevado número de partículas. Isto é utilizado tanto para a quantificação de amostras experimentais controladas em laboratório como para amostras ambientais. Assim, é essencial avançar com metodologias alternativas modernas que permitam a identificação simples e rápida de MP em laboratório e estimar o seu envelhecimento, acumulação e toxicidade, etc.

Um método de coloração poderia oferecer uma técnica moderna complementar ou alternativa para resolver todos estes problemas. Por exemplo, o corante "vermelho do Nilo" (9-dietilamino-5-benzo [a] fenoxazinona; NR) poderia ligar-se favoravelmente a materiais poliméricos em vez de orgânicos, o que permite a rápida quantificação e deteção de MPs devido às suas propriedades fluorescentes, de seletividade e de absorção. A adsorção do corante em superfícies de plástico torna-as fluorescentes após irradiação com luz azul (Maes et al., 2017). Esta técnica é atualmente uma das mais inovadoras entre as suficientes, disponível para reconhecer partículas de plástico sem a necessidade de análises espectroscópicas adicionais, o que reduz o tempo necessário para a análise de uma amostra ambiental.

Uma das restrições da técnica é o custo do material orgânico natural. Assim, o primeiro passo é verificar se o corante não reconhece também outros materiais semelhantes às MPs, como pequenos fragmentos, madeira ou substâncias gordurosas. Para isso, a equipa de investigadores planeou utilizar ácido nítrico na lavagem das partículas examinadas para digerir todo o tipo de material biogénico. A fase seguinte consistiu na recolha de amostras de água e areia na costa da cidade de Plymounth e na comparação entre a nova cor fluorescente e as medições obtidas com abordagens tradicionais. O resultado enfatizou mais quantidades de MPs <1mm (0,04 polegadas) em comparação com o obtido com abordagens de estilo antigo. Particularmente, a partir das análises, verificou-se que o PP era o tipo de plástico mais existente. Muitos relatórios aprovaram este método para identificação de MPs em tecidos biológicos *de Hydra attenuate* (Gagne et al., 2019) na biomassa de invertebrados terrestres (Maxwell et al., 2020); na minhoca do solo *Eisenia fetida* (Wang et al., 2019); em garrafas de água (Mason et al., 2018).

Recentemente, outra investigação dirigida por investigadores do Instituto CNR de Ciências Aplicadas e Sistemas Inteligentes (Isasi- Cnr) reconheceu uma nova técnica, denominada holografia digital (DH), capaz de distinguir MPs de microalgas ou microplâncton em amostras marinhas (Bianco et al., 2020). Através de um sensor holográfico e de inteligência artificial, a técnica proposta permite obter dados dos materiais analisados graças à utilização de um microscópio holográfico. Isto oferece uma gama ampla e sem precedentes de parâmetros altamente caraterísticos que distinguem os MPs (Paturzo et al., 2018). Assim, é possível distinguir o material poluente de outros, cujas formas e tamanho são semelhantes aos MPs.

A superação de problemas relacionados à deteção de MPs em amostras de água pode ocorrer usando DH para imagens 3D que são quantitativas sem rótulos. A utilização de uma câmara digital sem varrimento mecânico permite a identificação de matérias transparentes a diversas profundidades, examinando a incidência de MPs em grandes volumes de água (Merola et al., 2018). Graças a este método, é provável fazer a medição quantitativa, a contagem e a deteção dos tamanhos físicos dos microplásticos em todo o volume. O agrupamento da inteligência artificial e da holografia digital permite a identificação de dezenas de milhares de matérias relativas a diversas classes com uma precisão superior a 99%. Além disso, o novo método de holografia digital permite a identificação objetiva de um número estatisticamente importante de amostras, até centenas de milhares de matérias por hora, com microscópios que podem ser preparados em configurações móveis para a análise in situ da qualidade da água.

**REFERÊNCIAS**

Andreozzi, P., Martinelli, C., Carney, R. P., Carney, T. M., Stellacci, F., 2013. Incubação de eritrócitos como método para a determinação da presença de corante livre em nanopartículas marcadas com fluorescência. Mol. Pharm. 10, 875-882.

Bianco, V., Memmolo, P., Carcagn, I. P., Merola, F., Paturzo, M., Distante, C., et al., 2020. Identificação de microplásticos por meio de imagens holográficas e aprendizado de máquina. Adv. Intell. Syst. 2, 1900153.

Bogner, A., Jouneau, P. H., Thollet, G., Basset, D., Gauthier, C., 2007. A history of scanning electron microscopy developments: towards "wet-STEM" imaging. Micron 38, 390401.

Castaneda, R. A., Avlijas, S., Simard, M. A., Ricciardi, A., 2014. Poluição microplástica em sedimentos do rio São Lourenço. Can. J. Fish. Aquat. Sci. 71, 1767-1771.

Catarino, A. I., Frutos, A., Henrique, T. B., 2019. O uso de nanoplásticos marcados com fluorescência (NPs) para demonstrar a absorção de NP é inconclusivo sem controles adequados. Sci. Total Environ. 670, 915-920.

Cole, M., Lindeque, P., Fileman, E., Halsband, C., Goodhead, R., Moger, J., et al., 2013. Ingestão de microplásticos pelo zooplâncton. Environ. Sci. Technol. 47, 6646-6655.

Ding, J., Li, J., Sun, C., Jiang, F., Ju, P., Qu, L., et al., 2019. Deteção de microplásticos em organismos marinhos locais usando um sistema multi-tecnológico. Anal. Methods 11, 78-87.

Dini, L., Panzarini, E.,Mariano, S., Passeri, D., Reggente, M., Rossi, M., et al., 2015. Microscopias em nanoescala para sistemas de administração de medicamentos em nanoescala. Curr. Drug Targets 16, 1512-1530.

Dris, R., Gasperi, J., Rocher, V., Saad, M., Renault, N., Tassin, B., 2015. Contaminação por microplásticos numa área urbana: um estudo de caso na Grande Paris. Environ Chem. 12, 592-599.

Dussud, C., Meistertzheim, A. L., Conan, P., Pujo-Pay, M., George, M., Fabre, P., et al., 2018. Evidência de partição de nicho entre bactérias que vivem em plásticos, partículas orgânicas e águas marinhas circundantes. Environ. Pollut. 236, 807-816.

Egerton, R. F., 2011. Espectroscopia de Perda de Energia de Electrões no Microscópio de Electrões. Boston, MA: Springer Science and Business Media. doi: 10.1007/978-1-4419-9583-4.

Elert, A. M., Becker, R., Duemichen, E., Eisentraut, P., Falkenhagen, J., Sturm, H., et al., 2017. Comparação de diferentes métodos de deteção de MP: o que podemos aprender com eles e por que razão é importante fazer a pergunta certa antes das medições? Environ. Pollut. 231, 1256-1264.

Fries, E., Dekiff, J. H., Willmeyer, J., Nuelle, M.-T., Ebert, M., Remy, D., 2013. Identificação de tipos de polímeros e aditivos em partículas de microplásticos marinhos utilizando pirólise -

GC/MS e microscopia eletrónica de varrimento. Environ. Sci. Proc. 15, 1949-1956.
Fu, W., Zhang, W., 2018. Medição da hidrofobicidade da superfície de nanopartículas projetadas usando um microscópio de força atômica. PCCP 20, 24434-24443.
Gagne, F., Auclair, J., Quinn, B., 2019. Deteção de nanoplásticos de poliestireno em amostras biológicas com base nas propriedades solvatocrômicas do vermelho do Nilo: aplicação em Hydra attenuata exposta a nanoplásticos. Environ. Sci. Pollut. Res. Int. 26, 33524-33531.
Guselnikova, O., Trelin A., Kang Y., Postnikov P., Kobashi M., Suzuki , Shrestha L., A., Henzie J., Yamauchi Y., 2024. Deteção SERS sem pré-tratamento de microplásticos usando uma rede neural baseada em auto-atenção em espumas Ag hierarquicamente porosas. Nat Commun, 15, 4351.
Haggerty, L., Lenhoff, A. M., 1993. STM e AFM em biotecnologia. Biotechnol. Prog. 9, 1-11.
Hidalgo-Ruz V, Gutow L, Thompson RC, Thiel M., 2012. Microplásticos no ambiente marinho: uma revisão dos métodos utilizados para identificação e quantificação. Environ Sci Technol 46, 3060- 3075.
Imhof, H. K., Ivleva, N. P., Schmid, J., Niessner, R., Laforsch, C., 2013. Contaminação de sedimentos de praia de um lago subalpino com partículas microplásticas. Curr. Biol. 23, R867- R868.
Jagtap, R. N., Ambre, A. H., 2006. Visão geral da literatura sobre microscopia de força atómica (AFM): noções básicas e suas aplicações importantes para a caraterização de polímeros. Indian J. Eng. Mater. Sci. 13, 368.
Jung, M. R., Horgen, F. D., Orski, S. V., Rodriguez, C., V., Beers, K. L., et al., 2018. Validação do ATR FT-IR para identificar polímeros de detritos marinhos de plástico, incluindo aqueles ingeridos por organismos marinhos. Mar. Pollut. Bull. 127, 704-716.
Karbalaei, S., Golieskardi, A., Watt, D. U., Boiret, M., Hanachi, P., Walker, T. R., et al. 2020., Análise e composição inorgânica de MPs em refeições de peixe comerciais da Malásia. Mar. Pollut. Bull. 150, 110687.
Karlsson, T.M., Karrman, A., Rotander, A., Hassellov, M., 2020. Comparação entre os métodos de arrasto de manta e de fltração por bomba in situ, e orientação para a identificação visual de microplásticos em águas de superfície. Environ Sci Pollut Res. 27, 5559-5571.
Kauffmann, T. H., Kokanyan, N., Fontana, M., 2019. Uso de espalhamento Raman stokes e antistokes para novas aplicações. J Raman Spectro. 50(3).
Lavers, J.L., Oppel, S., Bond, A.L., 2016. Factores que influenciam a deteção de detritos de plástico nas praias. Mar Environ Res 119, 245-251.
Lee, K.W., Shim,W. J., Kwon,O. Y., Kang, J. H., 2013. Efeitos dependentes do tamanho de micro partículas de poliestireno no copépode marinho *Tigriopus japonicus*. Environ. Sci. Technol. 47, 11278-11283.
Lee, Y. K., Murphy, K. R., Hur, J., 2020. Assinaturas de fluorescência da matéria orgânica dissolvida lixiviada de MPs: polímeros e aditivos. Environ. Sci. Technol. 54, 11905-11914.
Lenz, R., Enders, K., Stedmon, C. A., Mackenzie, D., Nielsen, T. G., 2015. Uma avaliação crítica da identificação visual de microplástico marinho usando espetroscopia Raman para melhoria da análise. Mar. Pollut. Bull. 100, 82-91.
Li, J., Liu, H., Chen, J., 2018. MPs em sistemas de água doce: uma revisão sobre a ocorrência, efeitos ambientais e métodos de deteção de MPs. Water Res. 137, 362-374.
Loder, M.G., Imhof, H.K., Ladehoff, M., Loschel, L.A., Lorenz, C., Mintenig, S., Piehl, S., Primpke, S., Schrank, I., Laforsch, C., 2017. Purificação enzimática de microplásticos em

amostras ambientais. Environ. Sci. Technol., 51: 24, 1428314292.
Luo, H., Xiang, Y., Li, Y., Zhao, Y., Pan, X., 2020. Processo de envelhecimento fotocatalítico de microplásticos de polipropileno revestidos com nano TiO2: combinação de microscopia de força atómica e espetroscopia de infravermelhos (AFM-IR) para caraterização química em nanoescala. J. Hazard Mater. 404, 124159.
Lusher, A. L., McHugh, M., Thompson, R. C., 2013. Ocorrência de MPs no trato gastrointestinal de peixes pelágicos e demersais do Canal da Mancha. Mar. Pollut. Bull. 67, 94-99.
Maes, T., Jessop, R., Wellner, N., Haupt, K., Mayes, A. G., 2017. Uma abordagem de triagem rápida para detetar e quantificar MPs com base na marcação fluorescente com vermelho do Nilo. Sci. Rep. 7, 44501.
Majewsky, M., Bitter, H., Eiche, E., Horn, H., 2016. Determinação de polietileno microplástico (PE) e polipropileno (PP) em amostras ambientais usando análise térmica (TGA-DSC). Sci. Total Environ. 568, 507-511.
Mariano, S., Tacconi S., Fidaleo M., Rossi M., Dini L., 2021. Micro e nanoplásticos. Identificação: Métodos clássicos e técnicas de deteção inovadoras. Fron Toxicol .3, 636640.
Mason, S. A., Welch, V. G., Neratko, J., 2018. Contaminação por polímeros sintéticos em água engarrafada. Front. Chem. 6, 407.
Maxwell, S., H., Melinda, K., F., Matthew, G., 2020. Contracoloração para separar partículas de microplástico coradas com vermelho do Nilo da biomassa de invertebrados terrestres. Environ. Sci. Technol. 54, 5580-5588.
Mehdinia, A., Dehbandi, R., Hamzehpour, A., Rahnama, R., 2020. Identificação de MPs nos sedimentos das costas meridionais do Mar Cáspio, a norte do Irão. Environ. Pollut. 258, 113738.
Merola, F., Memmolo, P., Miccio, L., Mugnano, M., Ferraro, P., 2018.
Tomografia de contraste de fase
em laboratório em escala de chip por holografia digital. Métodos 136, 108-115.
Middea, A., Spinelli, L. S., Souza Junior, F. G., Neumann, R., Gomes, O. d. F. M., Fernandes T. L. A. P., et al., 2015. Síntese e caraterização de nanopartículas magnéticas de palygorskite e sua aplicação na remoção de azul de metileno da água. Appl. Surf. Sci. 346, 232-239.
Murray, F., Cowie, P. R., 2011. Plastic contamination in the decapod crustacean Nephrops norvegicus (Linnaeus, 1758). Mar. Pollut. Bull. 62, 1207-1217.
Noren, F., 2008. Pequenas partículas de plástico nas águas costeiras da Suécia. Relatório técnico. KIMO. NY: Springer Science and Business Media.
Paturzo, M., Pagliarulo, V., Bianco, V., Memmolo, P., Miccio, L., Merola, F., et al., 2018. Holografia digital, uma ferramenta metrológica para análise quantitativa: tendências e aplicações futuras. Opt. Laser. Eng. 104, 32-47.
Paul, A., Wander, L., Becker, R., Goedecke, C., Braun, U., 2019. Deteção espectroscópica NIR de alto rendimento (NIRS) de MPs no solo. Environ. Sci. Pollut. Res. Int. 26, 7364-7374.
Penalver, R., Arroyo-Manzanares, N., Lopez-Garda, I., Hernandez-Cordoba, M., 2020. Uma visão geral da caraterização de MPs por análise térmica. Chemosphere 242, 125170.
Peng, G., Zhu, B., Yang, D., Su, L., Shi, H., Li, D., 2017. MPs em sedimentos do estuário de Changjiang, China. Environ. Pollut. 225, 283-290.
Piruska, A., Nikcevic, I., Lee, S. H., Ahn, C., Heineman,W. R., Limbach, P. A., et al., 2005. A autofluorescência de materiais plásticos e pastilhas medida sob irradiação laser. Lab. Chip. 5, 1348-1354.

Prata, J. C., da Costa, J. P., Lopes, I., Duarte, A. C., Rocha-Santos, T., 2020a. Exposição ambiental a MPs: uma visão geral sobre possíveis efeitos na saúde humana. Sci. Total Environ. 702, 134455.
Prata, J. C., Paco, A., Reis, V., da Costa, J. P., Fernandes, A., da Costa, F. M., et al., 2020b. Identificação de MPs em vinhos brancos tapados com rolhas de polietileno usando espetroscopia microRaman. Food Chem. 331, 127323.
Primpke, S., Fischer, M., Lorenz, C., Gerdts, G., Scholz-Bottcher, B. M., 2020. Comparação da cromatografia gasosa de pirólise / espetrometria de massa e espetroscopia de imagem FTIR hiperespectral para a análise de MPs. Anal Bioanal. Chem. 12, 8283-8298.
Prudente, E., Raoult, D., 2019. Hibridização in situ por fluorescência, uma ferramenta molecular complementar para o diagnóstico clínico de doenças infecciosas por bactérias intracelulares e fastidiosas. FEMS Microbiol. Rev. 43, 88-107.
Reimer, L., 1993. Formação de imagens em microscopia eletrónica de varrimento de baixa voltagem.
https://doi.org/10.1117/3.2265074
Ribeiro-Claro, P., Nolasco, M. M., Araujo, C., 2017. Caracterização de MPs por espetroscopia Raman. Compr. Anal. Chem. 75, 119-151.
Sancataldo, G., Avellone, G., Vetri, V., 2020. O tempo de vida do Vermelho do Nilo revela a identidade do microplástico. Environ. Sci. Process. Impactos 22, 2266-2275.
Sawyer, L., Grubb, D. T., Meyers, G. F., 2008. PolymerMicroscopy. Nova Iorque,
Schur, C., Rist, S., Baun, A., Mayer, P., Hartmann, N. B., Wagner, M., 2019. Quando a fluorescência não é uma partícula: a translocação de tecidos de microplásticos em *Daphnia magna* parece um artefato. Environ. Toxicol. Chem. 38, 1495-1503.
Shim, W.J., Hong, S.H., Eo, S.E., 2017. Métodos de identificação na análise de microplásticos: uma revisão. Anal Methods, 9, 1384-1391.
Sims, P. A., Hardin, J. D., 2007. Imagens de microscopia eletrónica de transmissão integradas na fluorescência: integração da microscopia de fluorescência com a microscopia eletrónica de transmissão. Methods Mol. Biol. (Clifton, N.J.), 369, 291-308.
Smith, B. C., 2011. Fundamentals of Fourier Transform Infrared Spectroscopy (Fundamentos da espetroscopia de infravermelhos com transformada de Fourier). Boca Raton, FL: CRC Press. doi: 10.1201/b10777
Son, C., Liu, Z., Wang, C., Li, S., Kitamura, Y., 2020. Desempenho de interação diferente entre MPs e microalgas: o potencial de bio-eliminação de *Chlorella* sp. L38 e *Phaeodactylum tricornutum* MASCC-0025. Sci. Total. Environ. 723, 138146.
Song, Y.K., Hong, S.H., Jang, M., Han, G.M., Rani, M., Lee, J., Shim, W.J., 2015. Uma comparação de métodos de identificação microscópica e espectroscópica para análise de microplásticos em amostras ambientais. Mar Pollut Bull. 93, 202-209.
Sun, X., Chen, B., Li, Q., Liu, N., Xia, B., Zhu, L., et al., 2018. Toxicidades de nano- e MPs de poliestireno para a bactéria marinha *Halomonas alkaliphila.* Sci. Total. Environ. 642, 1378-1385.
Tenuta, T., Monopoli, M. P., Kim, J., Salvati, A., Dawson, K. A., Sandin, P., et al., 2011. Eluição de corante fluorescente lábil de nanopartículas durante a utilização biológica. PLoS ONE 6:e25556.
Tong, H., Jiang, Q., Hu, X., Zhong, X., 2020. Ocorrência e identificação de MPs na água da torneira da China. Chemosphere 252, 126493.
Ukraintsev, E., Kromka, A., Kozak, H., Remes, Z., Rezek, B., 2012. Artefactos na

microscopia de força atómica de amostras biológicas. Investigações de microscopia de força atómica em biologia - da célula à proteína. Intech Rijeka. 29-54.

Van Cauwenberghe, L., Vanreusel, A., Mees, J., Janssen, C. R., 2013. Poluição microplástica em sedimentos de profundidade. Environ. Pollut. 182, 495-499.

von Moos N, Burkhardt-Holm P, Kohler A., 2012. Absorção e efeitos de microplásticos em células e tecidos do mexilhão azul *Mytilus edulis* L. após uma exposição experimental. Environ Sci Technol. 46, 11327-11335.

Wagner, J., Wang, Z. M., Ghosal, S., Rochman, C., Gassel, M., Wall, S., 2017. Novo método para a extração e identificação de microplásticos em matrizes de arrasto oceânico e tripas de peixe. Anal. Methods. 9, 1479-1490.

Wang, J., Coffin, S., Sun, C., Schlenk, D., Gan, J., 2019. Efeitos insignificantes de microplásticos na aptidão animal e bioacumulação de HOC na minhoca Eisenia fetida no solo. Environ. Pollu. 249, 776-784.

Wu, P., Huang, J., Zheng, Y., Yang, Y., Zhang, Y., He, F., et al., 2019. Ocorrências ambientais , destino e impactos dos MPs. Ecotoxicol. Environ. Saf. 184, 109612.

Yin, L., Wen, X., Du, C., Jiang, J., Wu, L., Zhang, Y., et al., 2020. Comparação da abundância de MPs entre áreas rurais e urbanas: um estudo de caso do Oriente. Chemosphere 244, 125486.

Zhang, D., Liu, X., Huang,W., Li, J.,Wang, C., Zhang, D., et al., 2020. Poluição por microplásticos em sedimentos e organismos do mar profundo do Oceano Pacífico Ocidental. Environ. Pollut. 259, 113948.

Zhang, S., Yang, X., Gertsen, H., Peters, P., Salanki, T., Geissen, V., 2018. Um método simples para a extração e identificação de microplásticos de densidade leve do solo. Sci Total Environ. 616-617:1056-1065.

Zhang, W., Crittenden, J., Li, K., Chen, Y., 2012. Eficiência de fixação da agregação de nanopartículas em dispersões aquosas: modelagem e validação experimental. Environ. Sci. Technol. 46, 7054-7062.

CAPÍTULO 5

# EFEITOS TOXICOLÓGICOS DOS MICROPLÁSTICOS

**Por**

**Prof. Dr. Sahar W.M.Hassan**

## Prefácio

Este capítulo tenta introduzir informações sobre os efeitos toxicológicos dos microplásticos no ecossistema terrestre, mostrando o perigo da interação com contaminantes orgânicos, o efeito nos parâmetros físicos do solo e o efeito nos organismos do solo. O efeito no ecossistema aquático e nos seus habitantes de bactérias, algas, peixes, bivalves e crustáceos foi amplamente discutido. A carcinogenicidade e os efeitos nocivos nos sistemas circulatório e digestivo humanos também foram debatidos.

### 1. Efeito toxicológico dos microplásticos

A toxicidade e a existência de plástico no ecossistema têm sido investigadas há décadas e o plástico é identificado como um contaminante orgânico persistente que resulta em impactos nocivos para a saúde dos seres vivos (Borgatta e Breider, 2024). A investigação realizada por Imran et al. (2019) revelou que o zinco, o cádmio, o chumbo, o cobre e o mercúrio existentes nos MPs marinhos podem resultar na co-seleção de agentes patogénicos resistentes a agentes antimicrobianos, causando uma grave ameaça para os seres humanos quando expostos ao ambiente marinho ou consumindo produtos da pesca.

#### *1.1. Efeito no ecossistema terrestre*

O ecossistema terrestre tem recebido menos atenção do que o ecossistema aquático. No entanto, a contaminação com microplásticos na terra pode ser 4-23 vezes maior do que no oceano (Horton et al., 2017), o solo da agricultura pode acumular mais microplásticos do que os oceanos (Nizzetto et al., 2016).

Rai et al. (2023) afirmaram que a contaminação com microplásticos foi encontrada em vários ambientes terrestres a partir de diferentes fontes, tais como indústrias têxteis, abrasão de pneus, lamas de depuração, produtos farmacêuticos, cosméticos, descargas de plástico e coberturas de plástico. Investigações recentes recomendaram que o solo se tornou um sumidouro notável para os contaminantes que entram nos ambientes terrestres e está normalmente poluído com uma combinação de contaminantes inorgânicos e orgânicos. Isto leva a impactos hostis graduais na fertilidade e saúde do solo, perturbando a porosidade do solo, o pH, as actividades enzimáticas microbianas do solo e a capacidade de retenção de água. As MP podem cooperar com os contaminantes existentes no ambiente através do processo de adsorção por mecanismos de enchimento microporoso, forças de van der Waals, efeitos hidrofóbicos, não covalentes, de partição e forças electrostáticas. Consequentemente, isto provoca um atraso na degradação dos contaminantes, perturbando assim o solo e várias acções ecológicas do ecossistema. (Figura 22) (Rai et al., 2023).

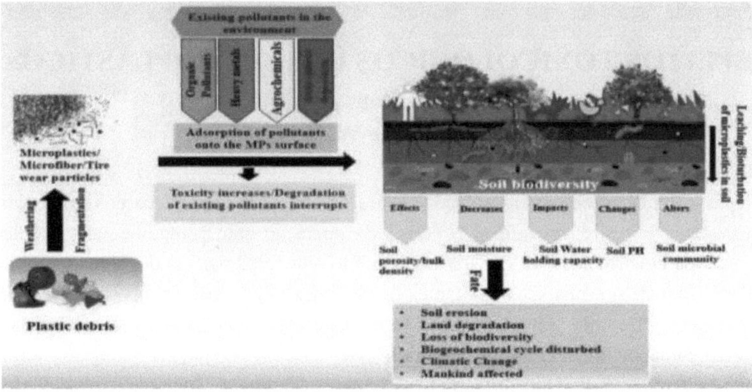

**Figura 22.** O destino e as interações dos microplásticos com os co-contaminantes existentes no solo e os impactos noutras actividades ecológicas (Rai et al., 2023).

São necessárias mais análises sobre os perigos dos microplásticos e a proteção da biodiversidade terrestre. Consequentemente, um maior foco científico é dedicado a reconhecer os efeitos dos microplásticos no ambiente global (Machado et al. 2019).

### *1.1.1. Efeitos nas propriedades físicas do solo*

Os microplásticos podem integrar-se imediatamente na matriz do solo após a sua queda na superfície do solo causada por factores externos, como as actividades humanas e a bioturbação. Esta integração pode dar origem a alterações na textura e na estrutura do solo. Em solos extremamente contaminados, podem ser detectadas alternâncias mais visuais na composição e na estrutura do solo, uma vez que os polímeros comerciais têm uma densidade menor do que as partículas mútuas do solo (Dissanayake et al., 2022).

Os produtos fitofarmacêuticos afectam as caraterísticas físico-químicas do solo através do aumento da sua capacidade de retenção de água e da sua porosidade, causando uma redução da permeabilidade à humidade e da densidade aparente e destruindo a integridade estrutural (Zhang et al., 2020; Zhao et al., 2021). A alteração do ciclo dos elementos nutritivos e das caraterísticas físico-químicas do solo pelos MPs no sistema agrícola causa efeitos inesperados na emissão de gases com efeito de estufa. Os estudos revelaram que os microplásticos têm impactos diversos nas emissões de $CH_4$, $N_2O$ e $CO_2$ do solo (Gao et al., 2021; Yu et al., 2021). Os MPs diminuem a decomposição e a mineralização do SOC, além das emissões de $N_2O$ e $CO_2$ (Yu et al., 2021). Assim, o impacto previsto dos MPs na emissão de gases de efeito estufa, mudanças climáticas e aquecimento global deve ser uma parte fundamental de estudos futuros.

Yu et al. (2023) estimaram as caraterísticas físicas de uma argila siltosa após a incorporação de fibras de poliéster e grânulos de polipropileno em diferentes concentrações. Também revelaram os mecanismos essenciais, definindo os efeitos da forma e da linha de base dos microplásticos a partir da alteração das partículas do solo. Os resultados revelaram que a integração de MPs no solo aumentou a condutividade hidráulica saturada e o ângulo de contacto. A integração de MPs também diminuiu a capacidade de retenção de água e a densidade aparente sem afetar a estabilidade do agregado. As fibras de poliéster tiveram um impacto mais intenso nas propriedades físicas do solo do que os grânulos de polipropileno. Embora tenham sido observadas alternâncias graduais nas propriedades do solo, não se registaram grandes variações até se atingir uma grande quantidade de microplásticos (2% p/p para o polipropileno e 0,5% p/p para as fibras de poliéster).

***2.2.1. Interações com contaminantes orgânicos***

Os microplásticos actuam como fontes e bacias de poluentes orgânicos. Numerosos poluentes orgânicos tóxicos podem existir nos microplásticos e podem ser libertados através da degradação ou da meteorização nos ecossistemas aquáticos e terrestres. Os microplásticos podem agregar e adsorver os poluentes orgânicos nas suas superfícies, enquanto que os destacados no solo actuam como sumidouros. Estes poluentes combinados podem ser transportados através ou dentro dos ecossistemas (Bank e Hansson, 2019).

Pena et al. (2023) referiram que os plásticos apresentam a capacidade de manter os pesticidas, diminuindo consequentemente a sua acessibilidade imediata para degradação, lixiviação e consumo pelas plantas ou ingestão por outros organismos existentes nos solos. Assim, os pesticidas não serão capazes de controlar as pragas visadas utilizando as doses sugeridas, os MP que transportam contaminantes podem ser absorvidos ou consumidos por organismos não visados, ou os pesticidas podem ser dessorvidos ao longo do tempo no ecossistema, causando poluição perigosa. Assim, a coexistência de pesticidas e MP nos solos pode resultar em conflitos de solos com impactos opostos nos organismos do solo que dependerão do sistema específico pesticida/MP.

De um modo geral, as MPs pristinas produzem menos efeitos do que as MPs envelhecidas no destino da toxicidade dos pesticidas para os organismos vivos do solo, devido ao aparecimento de novos grupos funcionais ou de microfissuras que favorecem a retenção dos pesticidas. Os factores ambientais do solo, como a salinidade, a DOM e o pH, etc., parecem desempenhar um papel nas interações entre as MP e os pesticidas, dependendo sobretudo das caraterísticas das MP e dos pesticidas. As MP podem funcionar como uma entrada para os pesticidas nos organismos terrestres e a incidência de impactos tóxicos dependerá da capacidade de interação dos pesticidas com o biossistema do organismo.

***1.1.3. Efeito nos organismos do solo***

Os microplásticos podem perseverar por mais de 100 anos, de acordo com as condições de oxigénio e pouca luz (Horton et al., 2017). Por conseguinte, os microplásticos interagem com a fauna através da alteração do ambiente biofísico circundante, com consequências prováveis para a função do solo e a sua aptidão física (Zhu et al., 2018). Por exemplo, as minhocas e os colêmbolos transportam microplásticos do solo tanto na direção vertical como na horizontal (Maass et al., 2017), levando a alterações estruturais nas tocas das minhocas (Lwanga et al., 2017). No caso dos colêmbolos, os seus microbiomas intestinais, crescimento e reprodução podem ser afectados por modificações no ambiente biofísico após exposição a microplásticos (Zhu et al., 2018).

A estrutura à base de polímeros e os plásticos não naturais, juntamente com a sua estrutura rica em partículas hidrofóbicas biopersistentes com fraca solubilidade e xenobióticos, facilitam a poluição com microplásticos causando efeitos químicos e físicos combinados nos organismos do solo (Figura 23). Por exemplo, limitam a troca de compostos e gases que podem afetar a saúde dos organismos do solo (Steinmetz et al., 2016). As pequenas partículas podem ser inaladas ou ingeridas, provocando o bloqueio do trato digestivo, a irritação da mucosa ou a abrasão dos organismos do solo.

Um dos efeitos químicos perigosos tem origem nas propriedades dos pequenos microplásticos (<1 lm) com fraca solubilidade que permitem a sua interação com organelos, moléculas e membranas biológicas. Isto pode levar a diferentes efeitos, como a alternância na permeabilidade da membrana, o stress oxidativo e a inflamação (Jeong et al., 2016).

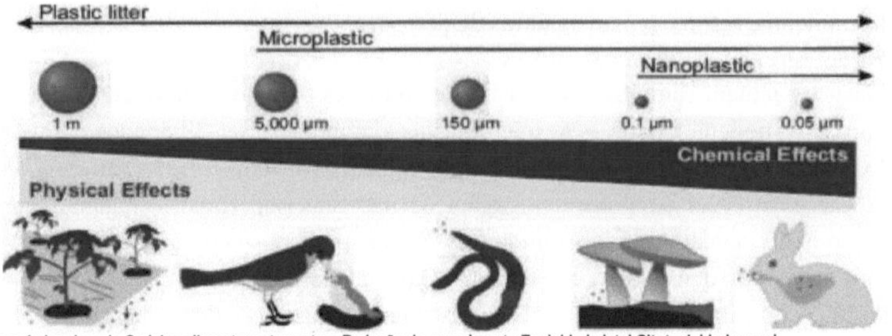

Fisico-química do solo Cadeias alimentares terrestres Redução do crescimento Toxicidade letal Citotoxicidade geral

**Figura 23**: Os microplásticos são o gatilho de efeitos físicos ou químicos combinados.

Diversas concentrações de MPs exibem diferentes impactos nas actividades microbianas (Kumar et al., 2020) e variam com o tempo de exposição. Os MP aumentam a diversidade e a riqueza das populações microbianas no início da incubação e reduzem-nas nas fases finais (Ren et al., 2020). Outras investigações também afirmaram que os MP não têm grande impacto na atividade e diversidade das populações microbianas (Judy et al., 2019; Blocker et al., 2020).

### *1.1.4. Impactos nas plantas terrestres*

Os efeitos prováveis dos microplásticos nas plantas terrestres não são bem conhecidos, e os estudos relacionados são atualmente insatisfatórios (Wang et al., 2020). Em geral, os microplásticos no solo podem provocar alterações nas caraterísticas do solo, por exemplo, na estrutura, no teor de nutrientes, na densidade e na humidade, o que pode alterar sequencialmente as propriedades das raízes das plantas, a absorção de nutrientes e o crescimento (Machado et al., 2019; Dissanayake et al., 2022).

Ceschin et al. (2023) investigaram o crescimento de Lemna minuta em diversas doses de (poli estireno-co-metil metacrilato) (50, 100 mg/L) durante (T0, T7, T14, T28 dias). A alteração de diferentes parâmetros foi investigada através da análise de parâmetros bioquímicos (teor de malondialdeído, crescimento da planta, raiz, tamanho da frente, clorofila) e morfológicos. A observação por microscopia eletrónica revelou que o teor de clorofila e o crescimento das plantas foram negativamente afectados pela exposição ao MP em relação aos tempos de exposição e às concentrações de MP. As amostras de Lemna detectadas por SEM revelaram MP adsorvido nas superfícies inferiores e superiores das frondes e nas raízes. A Figura 24 apoia a hipótese de que a adsorção de MPs nas superfícies das frondes e raízes impede a passagem de oxigénio, luz e absorção de nutrientes, causando limitação do crescimento regular da planta e o efeito mais evidente foi no T28. Por outro lado, a medição do malondialdeído indicou a ausência de destruição lipídica oxidativa do tecido vegetal.

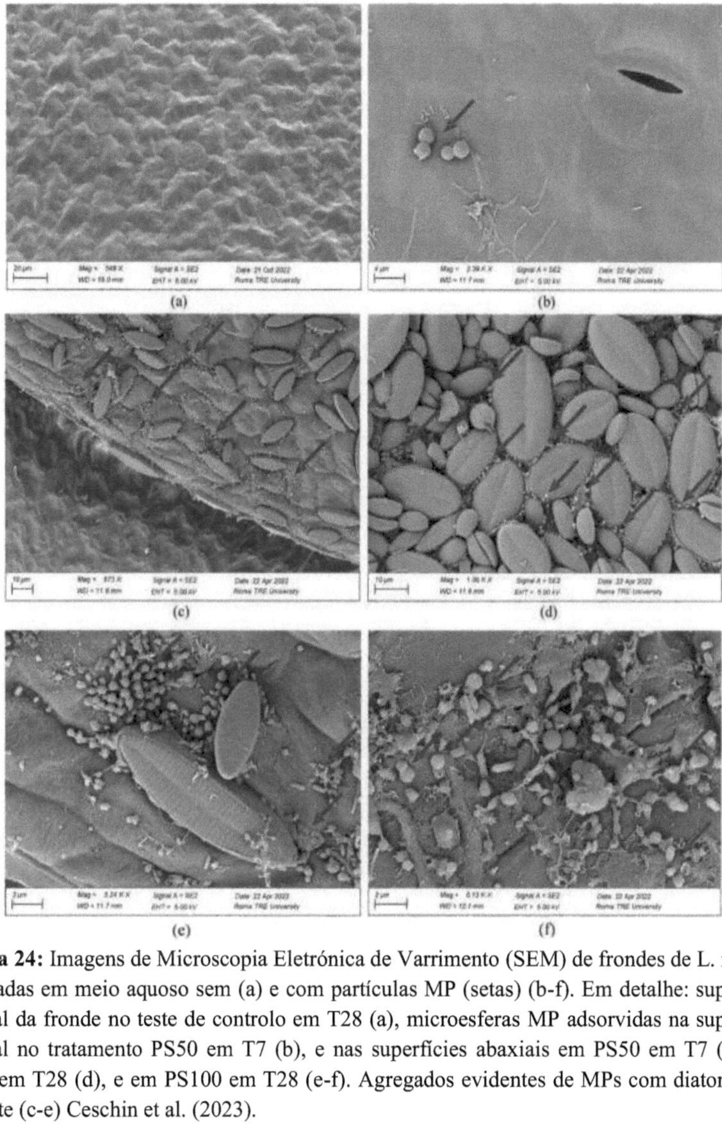

**Figura 24:** Imagens de Microscopia Eletrónica de Varrimento (SEM) de frondes de L. minuta cultivadas em meio aquoso sem (a) e com partículas MP (setas) (b-f). Em detalhe: superfície adaxial da fronde no teste de controlo em T28 (a), microesferas MP adsorvidas na superfície adaxial no tratamento PS50 em T7 (b), e nas superfícies abaxiais em PS50 em T7 (c), em PS50 em T28 (d), e em PS100 em T28 (e-f). Agregados evidentes de MPs com diatomáceas pennate (c-e) Ceschin et al. (2023).

Xu et al. (2022) exploraram o impacto dos microplásticos em sementes de alface. Estas foram tratadas com carbendazim a 2% durante 10 minutos e, após o seu crescimento, foram transferidas para uma solução nutritiva em copos com 5 MPs diferentes (NPS-UM , NPS-NH2, NPS-SO3H , NPS-OH e NPS-COOH) durante 45 dias de cultivo. Foi mantido um controlo sem MPs . Foi observada uma inibição significativa do crescimento das plantas nos

Nos grupos tratados, observou-se uma inibição significativa do crescimento das plantas devido a diferenças nos grupos de carga na superfície (Figura 25). A quantidade de raiz (cerca de 2,3 vezes a do controlo), a biomassa de rebentos (2,38 e 2,05 vezes, respetivamente) e o volume da raiz (3,50 e 3,27 vezes, respetivamente) foram drasticamente reduzidos por NPS-NH2 e NPS-SO3H. (Figura 4b e c). Por conseguinte, os principais elementos que afectaram o crescimento das plantas foram os grupos carregados nos MPs. Os grupos SO3H com cargas negativas não foram prontamente absorvidos pela parede celular e foram mais facilmente capazes de entrar nas células e causar efeitos tóxicos.

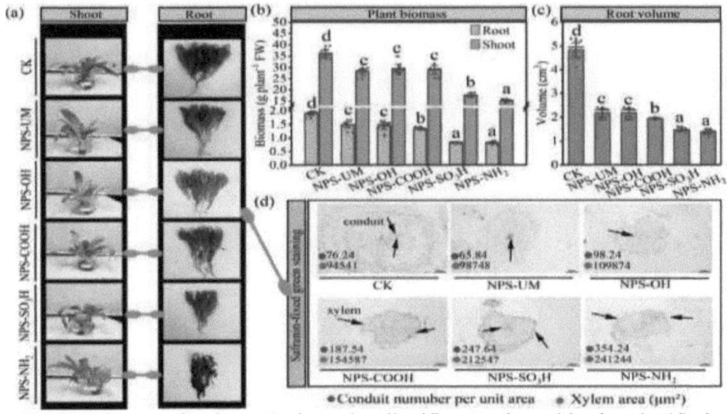


**Figura 25**: Crescimento da planta (a, b, e c) e lignificação do tecido da raiz (d) depois de submetida a microplásticos carregados diferencialmente. Letras minúsculas diferentes (a, b, c, e d) designam diferenças significativas entre os diferentes tratamentos ($P < 0,05$, $n = 8$). CK: Sem adição de microplásticos; NPS-UM: Microplásticos sem modificação de grupo; NPS-OH: Microplásticos com modificação de hidroxila; NPS-COOH: Microplásticos com modificação de carboxila; NPS-SO3H: Microplásticos com modificação de grupo de ácido sulfônico; NPSNH2: Microplásticos com modificação de amino (Xu et al., 2022).

Num relatório recente de Liu et al. (2023), examinaram os impactos dos microplásticos de ácido poliláctico (PLA MP) nas caraterísticas do solo, na comunidade microbiana, no crescimento do milho e na atividade enzimática. Os seus resultados revelaram que o valor do pH do solo, os teores de clorofila, C e N das folhas, C das folhas e a biomassa dos rebentos das plantas foram significativamente reduzidos, enquanto o rácio C:N do solo aumentou. Observou-se uma diminuição da abundância de fungos e um aumento da abundância de bactérias quando o nível de PLA MPs aumentou. Os resultados do zimograma in situ mostraram que a atividade enzimática aumentou no caso de níveis baixos de PLA MPs. Afirmaram que foi detectado um impacto negativo nas propriedades do solo, no crescimento das plantas e no solo microbiano após a adição de uma concentração elevada de MPs de PLA. Zantis et al. (2023) estudaram os efeitos dos micro e nanoplásticos nos sistemas terrestres. Mostraram que os impactos nas plantas são extensos. Foram detectadas reacções comparáveis dentro e entre dicotiledóneas e monocotiledóneas aos MPs, exceto no que diz respeito a uma menor germinação (Figura 26). Durante o crescimento primário, o crescimento das raízes e a germinação são mais intensamente afectados do que o crescimento dos rebentos. Os microplásticos provocaram impactos opostos semelhantes na biomassa, no comprimento e no

crescimento da maioria das plantas testadas (arroz, milho, trigo e alface),
milho, trigo e alface), independentemente do tamanho e do tipo de polímero. Além disso, as respostas dos biomarcadores foram fiáveis em todas as espécies. Os MPs também tiveram efeitos negativos sobre os níveis de clorofila, enquanto que os respondentes ao stress (por exemplo, enzimas antioxidantes) e os indicadores de stress foram regulados de forma positiva. Além disso, os efeitos foram geralmente detectados a níveis ambientalmente significativos. Estes resultados conferem fortes evidências de que os microplásticos apresentam efeitos abrangentes no desempenho das plantas.

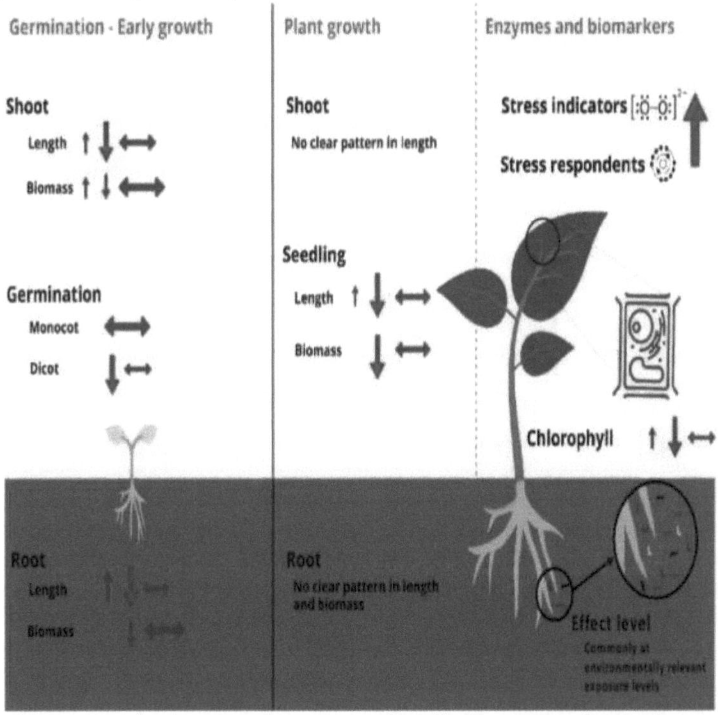


**Figura 26:** Resumo dos impactos dos nano e microplásticos na germinação de sementes e crescimento inicial, crescimento e respostas de biomarcadores em plantas com base numa revisão sistemática de 78 estudos (Zantis et al., 2023).

### *1.2. Meio aquático*

Os microplásticos podem ser transferidos a longa distância com a ajuda dos ventos, das descargas de águas residuais, das correntes e da erosão. Os ambientes aquáticos são a bacia final de vários contaminantes, incluindo nanopartículas, microplásticos, pesticidas e metais pesados libertados no meio envolvente. Consequentemente, estes contaminantes são considerados um dos principais riscos para a vida natural aquática (Sazli et al., 2023).
Diferentes organismos aquáticos, frescos ou marinhos, incluindo mamíferos, ouriços-do-mar, zooplâncton, aves, lagostas, mexilhões e corais, estão sujeitos a microplásticos (Browne et al., 2008), quer através da ingestão selectiva, quer por erro como vítima ou obrigatoriamente ingeridos na respiração (Derraik, 2002). Muitos organismos aquáticos não são geralmente

capazes de diferenciar os alimentos naturais dos plásticos (Crawford e Quinn, 2017).

A ingestão de microplásticos pode ocorrer por uma diversidade de organismos aquáticos, incluindo baleias, invertebrados, peixes, plânctons e corais, sendo depois transmitidos através da cadeia alimentar (Figura 27). Estes microplásticos ameaçam diretamente os organismos marinhos e têm um impacto indireto no ecossistema através da descontaminação de outros contaminantes marinhos. Os microplásticos recolhem os poluentes hidrofóbicos do ecossistema marinho em resultado do enorme rácio área de superfície/volume (Paul e Isaac, 2023). Consequentemente, a poluição por microplásticos tornou-se uma base de preocupação devido ao seu efeito negativo, principalmente na vida aquática.

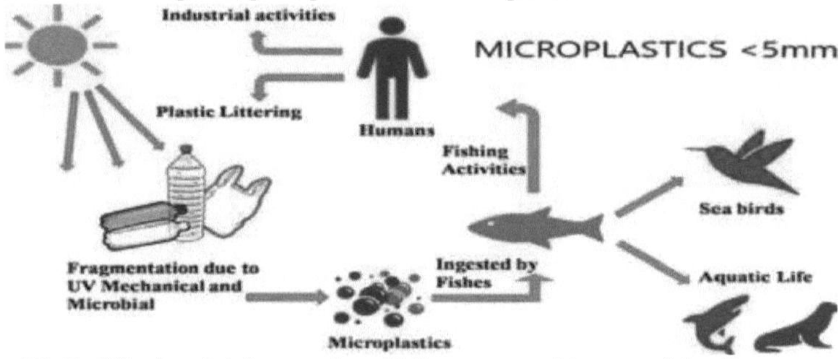


**Figura 27:** O efeito da poluição por microplásticos no ecossistema marinho (Issac e Kandasubramanian, 2021).

### *1.2.1. Efeito sobre as algas e as bactérias*

Li et al. (2023) afirmaram que existe pouca informação sobre a interação MPs-bactérias no ecossistema aquoso, que depende dos tipos de bactérias e MPs (Tabela 1), uma vez que depende da composição da parede celular bacteriana, que apresenta um comportamento diverso (não tóxico ou tóxico) sob exposição a MPs, como a fixação bacteriana e susceptibilidades. O biofilme microbiano pode ser produzido em MPs, criando assim uma habitação para eles (Qiu et al., 2022). Ao entrar no ecossistema aquático, os MPs podem rapidamente tornar-se ligados à superfície por algas e microorganismos (Ivleva et al., 2017).

Investigações anteriores demonstraram que uma diversidade de agentes patogénicos se fixam à superfície das MPs, podendo ser transferidos para distâncias mais longas na água com a ajuda de fluxos de água (Li et al., 2019; Feng et al., 2020). Os microrganismos ligados à superfície das MPs podem então ir para uma nova zona, causando a invasão de micróbios e representando um risco para o ecossistema ecológico.

Os MPs podem afetar as células das algas, inibindo o seu crescimento e prejudicando o processo de fotossíntese. Relatórios anteriores mostraram que os MPs podem impedir o progresso das algas (Tabela 8). Por exemplo, os nanoplásticos (NPs) PS de 20 e 50 nm desencadearam uma inibição importante do crescimento da Chlorella vulgaris (Hazeem et al., 2020). Os impactos negativos podem ser o resultado da fotossíntese prejudicada desencadeada pela exposição a MPs (Qiu et al., 2022), devido ao efeito na regulação negativa da expressão do gene fotossintético (Lagarde et al., 2016). Além disso, os PS também podem diminuir os teores de clorofila A, prejudicar a eficiência do fotossistema, diminuir a síntese orgânica e provocar a destruição oxidativa (Hazeem et al., 2020). A redução da absorção de $CO_2$, a adsorção de MPs ou nanoplásticos na superfície das algas é a principal razão que resulta na diminuição da fotossíntese, dificultando a troca de materiais e o efeito de sombreamento (Saido et al., 2014). Contrariamente, a influência positiva no crescimento das algas também foi afirmada por Canniff e Hoang (Canniff e Hoang, 2018), uma vez que relataram um maior crescimento de Raphidocelis subcapitata em meio com PE MPs (63-75 gm, 130 mg / L) em comparação com meio sem MPs.

**Tabela 8:** Efeito tóxico dos MPs em bactérias e algas (Li et al., 2023).

| Organismo de teste | Polímero/tamanho | Critérios de efeito | Referência |
|---|---|---|---|
| *Streptomyces coelicolor M145* | PS 20 nm, 100 nm, 1 gm e 1 mm | Citotoxicidade, nível de espécies reactivas de oxigénio (ROS), permeabilidade, as tendências eram dependentes do tamanho e da concentração. | (Liu et al., 2020). |
| *Escherichia coli (E. coli)* | PS, 200 nm | Depende do tamanho e da modificação funcional, da produção de ROS, dos danos no ADN. | (Ning et al., 2022). |
| *E. coli* | PS, 10, 50 e 500 nm | Efeito dependente do tamanho na transferência de genes, geração de ROS, permeabilidade da membrana celular. | (Zha et al., 2022). |
| *E. coli e Bacillus sp.* | PS, 60, 220, 430, 700, 1040, 1700 e 2260 nm | A geração de ROS, a acumulação de Nano- PS no interior das células bacterianas, a inibição do crescimento de células de *E. coli* e *Bacillus sp.* | (Kim et al., 2022). |
| *Halomonas alkaliphila* | PS, 50 e 55 nm, 1 gm | Efeito tóxico dependente do tamanhoGeração de RSOs, nano- MPs perturbam a função ecológica das bactérias. | (Sun et al., 2018). |
| *Scenedesmus obliquus* | PS, 5 gm | O crescimento das algas diminuiu com o aumento da concentração de MPs (Chen et al., 2020). | |
| *Chlorella vulgaris (C. vulgaris)* | PS, 20, 50 e 500 nm | Os PS de 20 e 50 nm mostraram toxicidade para as algas. A redução da viabilidade celular, os teores de clorofila a e de ROS aumentaram, e as células | (Hazeem et al., 2020). |
| *Raphidocelis subcapitata (R. subcapitata)* | PE, 63-75 gm | Os MPs promoveram o crescimento das algas. | (Canniff e Hoang, 2018) |

### *1.2.2. Efeitos nos peixes marinhos*

A ingestão de MPs pode afetar os peixes marinhos de diversas formas (Figura 28) (Espinosa et al., 2016). Vários estudos revelaram os efeitos dos nanoplásticos em espécies diferentes. Estes sugerem que os nanoplásticos podem ser transferidos para diversas espécies e podem interferir com o sistema imunitário (Besseling et al., 2013). Nos peixes, a imunidade inata celular pode defender-se contra diferentes agentes (Espinosa et al., 2016). Hipóteses relatam que os peixes podem ser afectados por MPs (Greven et al., 2016) e as respostas imunitárias também podem ser alteradas (Espinosa et al., 2016).

Os MPs actuam como vectores de contaminantes químicos, quer através da adsorção direta da água do mar, em resultado da natureza hidrofóbica dos polímeros ou dos xenobióticos orgânicos, quer quando utilizados como aditivos durante a síntese de MPs, podendo consequentemente ser detectado um aumento da concentração desses contaminantes na água do mar (Lithner et al. 2011).

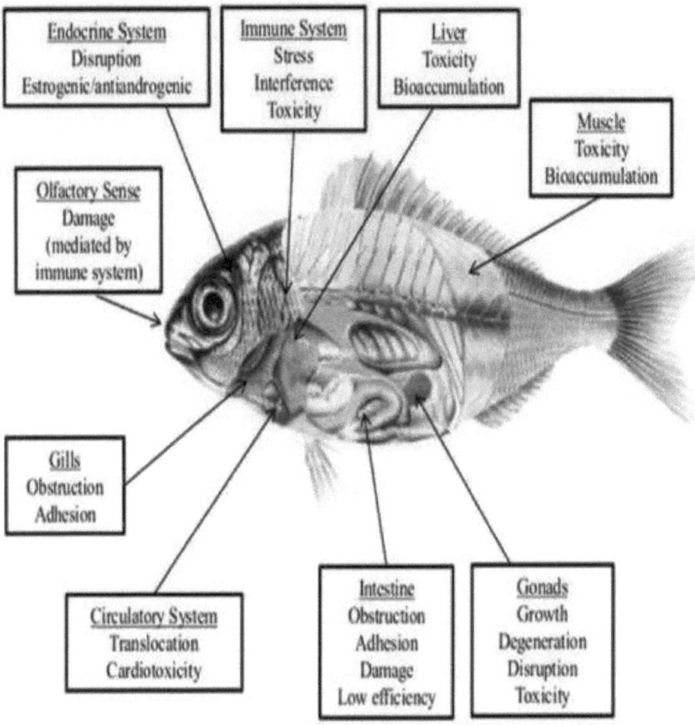


**Figura 28**: Principais efeitos dos microplásticos nos peixes (Espinosa et al., 2016).

Muitos dos produtos químicos contidos nos plásticos têm sido relacionados com a toxicidade do sistema imunitário, para além do efeito de desregulação endócrina nos peixes (Rochman et al., 2014). Verificou-se que os produtos químicos geralmente conhecidos por estimularem efeitos adversos, incluindo metais pesados, pesticidas, organoclorados e hidrocarbonetos de petróleo, são detectados como adsorventes de restos de plástico em todo o mundo (Holmes et al., 2014).

O contacto com as MP foi investigado em relação a retornos físicos ou biológicos específicos. Foram realizados diferentes estudos para investigar os impactos dos MPs nos peixes. Foi referido que os MP podem acumular-se no sistema gastrointestinal, causando obstáculos no sistema digestivo e reduzindo a alimentação devido ao apetite (Lusher et al., 2017). O consumo de MPs também pode incentivar alterações funcionais e anatómicas nos tratos digestivos, levando a problemas alimentares e muitos problemas nos peixes (Jabeen et al., 2018; Huang et al., 2022a). A mortalidade dos peixes pode ocorrer antes de atingirem a maturidade devido à ingestão de MPs (Figura 29).

Diferentes investigações (Mu et al., 2021; Zhao et al., 2021) foram efectuadas em *Danio rerio*, mostrando os danos e a perturbação dos órgãos reprodutores após a exposição a MPs. Também foram efectuados vários estudos para estudar o efeito dos MP em *Oryzias melastigma*. Estes estudos afirmaram que os danos nos órgãos reprodutores, a diminuição do peso, a perturbação do estado anti-oxidativo, a inibição do crescimento e a disbiose do intestino dos peixes são efeitos visíveis em Oryzias melastigma (Zhang et al., 2021; Li et al., 2021; Wang et al., 2022) (Quadro 9). Sparus aurata é outra espécie consumível significativa que é afetada pelo consumo de MPs. Este peixe está exposto a danos nas funções-chave do sistema imunitário, ao stress oxidativo e a alterações no comportamento (Pannetier et al., 2020; Jacob et al., 2021; Rios-Fuster et al., 2021; Solomando et al., 2021).

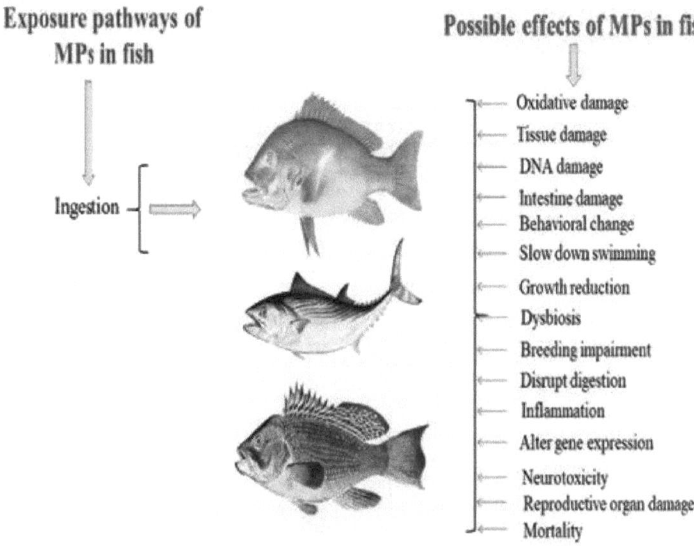


**Figura 29**: Possíveis efeitos dos MPs no corpo dos peixes após a ingestão (Bhuyan, 2022).

**Quadro 9**: Alguns efeitos toxicológicos dos MPs nos peixes (Bhuyan, 2022)

| Espécies de peixes | Efeitos dos MP/Combinar efeitos dos MP | Combinado/Singular | Referências |
|---|---|---|---|
| *Symphysodon aequifasciatus* | No cérebro e no intestino dos peixes, verifica-se uma redução do crescimento e alterações nos neurotransmissores. O contacto dos ligandos neuroactivos com os receptores no cérebro, bem como as vias de sinapse serotoninérgicas, foi reforçado. | Deputados | Huang et al. 2022a |
| *Oryzias melastigma* | Os índices de crescimento, HSI e GSI foram inibidos por MPs em vez de EE2. Numa abordagem dependente da dose, os MPs aumentaram os níveis de E2 induzidos pelo EE2. O EE2 com MPs aumentou a expressão do gene do biomarcador de estrogénio mais do que o EE2 sozinho. No grupo EE2 mais MPs, foram encontrados danos histopatológicos no fígado e nos testículos. | Deputados de poliestireno | Wang et al. 2022 |
| *Ctenopharyngodon idella* | Os MPs que comeram carpa herbívora perderam peso e apresentaram | Deputados | Liu et al. 2022 |

| | | | |
|---|---|---|---|
| | alterações histológicas. A terapia com MP-1000 provoca um aumento dos danos oxidativos no fígado. As doenças metabólicas e o stress oxidativo estão ligados, de acordo com o enriquecimento das vias. | | |
| *Solea senegalensis* | As MPs aumentaram as defesas antioxidantes, a neurotransmissão e o gasto de energia quando consumidas. Foram geradas alterações histológicas pelas MPs PE isoladas e em combinação com nanocamadas. Sob exposição conjunta, o consumo de energia aumentou. | MPs de polietileno | Santana et al. 2022 |
| *Clarias gariepinus* | O peixe-gato africano tem uma elevada taxa de batimentos operculares. O ritmo de natação abrandou. | Deputados | Tongo e Erhunmwun-se, 2022 |
| *Oryzias melastigma* | Os MPs alteraram a composição do microbiota, levando à disbiose. | Deputados | Kang et al.2021 |
| *Danio rerio* | Consequências comportamentais mais fortes, como a diminuição da mobilidade e das actividades. | MPs e bisfenol | Mu et al. 2021 |
| *Sparus aurata* | Estimular as enzimas antioxidantes no fígado e no plasma, bem como os danos oxidativos. Reforçar as actividades da lisozima e da mieloperoxidase no sangue. | Deputados | Solomando et al. 2021 |
| *Oryzias latipes* | Entre os efeitos, contam-se a mortalidade, a redução do rácio cabeça/corpo, o aumento das actividades de EROD, a quebra de ADN e alterações no comportamento de natação. | Deputados | Pannetier et al. 2020 |

Pradit et al. (2023) confirmaram a existência de microplásticos em diferentes partes do peixe-gato e estudaram os seus efeitos nos ovos de peixe. Verificaram que a contaminação mais comum se encontrava no estômago (0,91 ± 0,13 itens/g), depois nas brânquias (0,30 ± 0,03 itens/g) e no tecido (0,53 ± 0,09 itens/g). Os microplásticos detectados tinham a forma de fibra e eram de cor azul nos ovos de peixe e de cor preta nos órgãos. Foram identificados como fibra celulósica, polipropileno e politereftalato de etileno.

### *1.2.3. Bivalves*

Walkinshaw et al. (2023) investigaram o efeito da exposição a fibras de algodão e poliéster em mexilhões juvenis utilizando concentrações relacionadas com o ambiente durante 94 dias. Os biomarcadores subletais envolveram taxas de respiração, depuração e crescimento. Os mexilhões foram expostos a microfibras de algodão (comprimento mediano 132 iim) e poliéster (comprimento mediano 149 цт) em 3 tratamentos: algodão (~80 fbres L-1), poliéster (~80 fbres L-1 ) e poliéster (~8 fbres L-1 ). Verificaram que os mexilhões submetidos a 80 microfibras de algodão ou poliéster L-1 tiveram uma diminuição da taxa de crescimento de 35,6% após a utilização de poliéster e de 18,7% após a exposição ao algodão, tendo os mexilhões submetidos a ~80 poliéster $L^{-1}$ apresentado uma taxa de crescimento significativamente inferior à do grupo de controlo.

Yu et al. (2023) inspeccionaram a ocorrência de MPs em 2 espécies de bivalves, nomeadamente Venerupis e Perna viridis spp. utilizando espetroscopia de infravermelhos com transformada de Fourier e exame microscópico. Além disso, investigaram a quantidade de MPs que pode ser transmitida ao ser humano. Os resultados confirmaram a existência de MPs nas espécies testadas, sendo que as fibras de poliamida foram o tipo mais comum existente nelas, com tamanho médio de 0,33±0,03 mm e 0,25±0,05 mm para Venerupis spp. e Perna viridis spp., respetivamente. Verificaram que a quantidade estimada que pode ser transmitida ao ser humano através do consumo de bivalves era de cerca de 003 mg/dia.

#### *1.2.4. Crustáceos*

Até à data, a maioria dos estudos centrou-se nos impactos toxicológicos dos MP em peixes e moluscos. Foram efectuadas poucas revisões sobre os impactos dos MPs nos crustáceos (Zhang et al., 2023). Estes demonstraram que tanto os crustáceos aquáticos presas como os predadores desempenham um papel essencial na teia alimentar e na transmissão de energia. É de extrema importância ter em consideração a perturbação nociva dos MPs nos crustáceos aquáticos. A maior parte dos estudos revelou que os MP têm um impacto negativo nas funções fisiológicas, nos comportamentos e na história de vida dos crustáceos aquáticos. Os impactos dos MPs de diferentes formas, tipos e tamanhos nos crustáceos aquáticos são variados. Normalmente, as MP irregulares ou mais pequenas têm mais impactos negativos nos crustáceos aquáticos. Além disso, a coexistência de MPs com outros poluentes tem impactos mais negativos nos crustáceos aquáticos.

##### *A. Efeito no tamanho do corpo*

O PS (2000 partículas/mL) diminuiu significativamente o tamanho do corpo de Daphnia magna (Schur et al., 2021) e no intervalo de 5-100 mg/L (Eltemsah e B0hn 2019), 6 im PS (a 500 partículas/ml) reduziu significativamente o comprimento do corpo (Schwarzer et al., 2022).10 im PS teve impacto no comprimento do corpo a 12,5 , 1,25 e 0,125 mg/L, enquanto 1 im PS não teve impacto digno de nota (De Felice et al., 2019). A existência de TCS ou metil-triclosan (MTCS) com PS iniciou uma maior redução do que no caso do triclocarban (TCC) (Yin et al., 2020).

##### *B. Efeito na alimentação*

A coexistência de óleo e PE teve influências sinérgicas na inibição da alimentação de Calanus hyperboreus (Almeda et al., 2021). Da mesma forma, CPF e HDPE tiveram mais impactos na redução da alimentação de A. tonsa do que cada poluente (Bellas e Gil, 2020). Redução da alimentação de *D. magna* em 29% e 28% causada por MPs primários e secundários (Ogonowski et al., 2016). PS-NH2 negativo e PS simples diminuíram significativamente a distância e a velocidade de natação de D. magna, enquanto PS-NH2 positivo e PS- COOH não produziram influências significativas (Lin et al., 2019).

##### *C. Efeito no comportamento de natação*

A coexistência de Gly com PS provocou mais efeitos na diminuição da distância de natação de D. magna do que o PS isolado (Nogueira et al., 2022). Da mesma forma, a coexistência de PS-COOH com Zn iniciou mais influências sobre a incidência de movimento das segundas antenas de D. magna, tendo, portanto, um efeito sobre o comportamento de natação (Lee et al., 2021).

##### *D. Efeito na respiração*

Os impactos dos MPs na regulação da respiração em crustáceos aquáticos podem ser notados por alterações na taxa de respiração. Por exemplo, o poliestireno reduziu as taxas de respiração em Acartia clausi e Centropages typicus em 2,2 e 3,4 vezes, respetivamente (Svetlichny et al., 2021). Além disso, a taxa de respiração de C. helgolandicus foi reduzida em

6, 12 e 26 iim poliestireno (Isinibilir et al., 2020). As fibras PET podem reduzir a taxa de respiração do Homarus americanus (Woods et al., 2020). A coexistência do BPA com o PS provocou mais impactos na respiração do L. vannamei do que um único poluente (Han et al., 2022).

***E. Efeito no sistema imunitário***

MPS pode afetar o estado antioxidante do camarão e prejudicar sua imunidade ao identificar moléculas patogênicas e impactar a estabilidade da matriz extracelular do camarão. Por exemplo, o PVC pode afetar o status antioxidante e a homeostase imunológica (Duan et al., 2021).

### *1.2.5. Efeitos nos invertebrados*

MPs s foram descobertos em invertebrados, especialmente pepinos do mar, anfípodes e zooplâncton (Rehse et al., 2016), mexilhões (von Moos et al., 2012), lugworms (Besseling et al., 2013; Green, 2016) causando diferentes consequências. Lee et al (2014) afirmaram que a abundância e os tamanhos dos MPs levaram à queda da fertilidade do copépode Tigriopus japonicus, além de afetar o desenvolvimento e a sobrevivência da segunda geração. Embora os MPs fossem consumidos e reunidos em fêmeas ovígeras, eles poderiam ser transmitidos aos seus descendentes. Uma investigação comparável realizada por Cole et al. (2016) também revelou o efeito adverso da exposição a microesferas de poliestireno (75 mL-1 ) na fertilidade, função e alimentação do copépode marinho Calanus helgolandicus na presença de algas cultivadas. Foi detectado que o Calanus helgolandicus exposto às MPs consumiu menos células de algas. A exposição prolongada a MPs resultou em menos criações de ovos, redução da produção reprodutiva, influenciando o processo de eclosão e resultando na morte de alguns copépodes.

Outro estudo realizado por Anbumani e Kakkar, (2018) confirmou que os copépodes submetidos a MPs sofreram de esgotamento de energia ao longo do tempo, e impedem a alimentação esta descoberta significativa é de importância ecológica precisa, porque os copépodes com crescimento reduzido podem afetar espécies tróficas superiores que dependem do elevado teor lipídico dos copépodes para a sua sobrevivência. Foi investigado o impacto da ingestão de MPs por Lugworms Arenicola marina, que é um invertebrado bentónico (Besseling et al., 2013), pepinos do mar (Taylor et al., 2016), mexilhões azuis Mytilus edulis (Van Cauwenberghe e Janssen, 2014). Efeitos físicos, incluindo stress oxidativo, aumento da atividade fagocítica, formação de granulocitomas, desestabilização da membrana lisossomal e respostas inflamatórias foram observados em mexilhões azuis expostos a MPs (Von Moos et al., 2012). Além disso, foi observada uma redução das reservas de energia, perda de peso e atividade alimentar em vermes expostos a microplásticos (Besseling et al., 2013).

O consumo, a translocação e a acumulação de diferentes MPs foram observados no mexilhão marinho *Mytilus edulis* (alimentador filtrante) mesmo após três dias de contacto e observados durante 48 dias após a acumulação nos túbulos e na cavidade digestiva com uma riqueza extrema após 12 dias (von Moos et al., 2012). Além disso, von Moos et al., 2012 observaram que Mutilus edulis expostos a microplásticos HDPE levaram à absorção na glândula digestiva e nas brânquias. O exame histológico mostrou uma forte resposta inflamatória como a desestabilização da membrana lisossómica após 96 h, a formação de granulocitomas após 6 h, que são considerados como biomarcadores prospectivos de exposição a MPs.

Kolandhasamy et al. (2018) teorizaram que o animal pode apanhar e reunir MPs por ingestão ou aderência. Os glóbulos brancos de Dicentrarchus labrax e Sparus aurata podem ser afectados pela oxidação do polietileno (PE), dos microplásticos (40-150 m) e do policloreto de vinilo (PVC), causando toxicidade imunitária (Riaz et al., 2024). A redução significativa da motilidade dos espermatozóides e dos ovos postos por Crassostrea gigasis expostos a MPs indicou o prejuízo dos microplásticos para Crassostrea gigasis (Sharma e Chatterjee, 2017; Riaz et al, 2024).

Recentemente, Firmino et al. (2023) testaram os impactos das alterações climáticas (i.e., libertação de $CO_2$ e temperatura) e dos microplásticos no consumo e na sobrevivência de um invertebrado fragmentador de um ribeiro da Amazónia. Foram testadas três hipóteses: (1) as alterações climáticas e o aumento das concentrações de MPs diminuem a sobrevivência do fragmentador. Esperavam que os factores de stress conjuntos aumentassem o stress tóxico. (2) O aumento das concentrações de microplásticos tem um impacto negativo no consumo de alimentos dos xaréus. Supõe-se que a obstrução do trato digestivo por microplásticos causaria uma redução da capacidade de digestão dos alimentos. Além disso, o aumento do CO2 e da temperatura provocaria um aumento do custo metabólico. (3) A interação entre as alterações climáticas e os microplásticos tem mais impactos negativos no consumo e na sobrevivência do que qualquer um deles isoladamente.

Recolheram diversas concentrações de microplásticos e cenários de alterações climáticas para simular em tempo real aumentos de CO2 e de temperatura. Descobriram que tanto os efeitos letais como os factores de stress aumentavam o risco de mortalidade, mas sem efeito de interação. As alterações climáticas afectaram apenas o consumo de trituradores. A interação das alterações climáticas e dos microplásticos no consumo de trituradores dependia da dose que resultava na redução do consumo. Os resultados indicaram que as mudanças climáticas e o microplástico podem apresentar fortes influências na sobrevivência e/ou consumo de insetos fragmentadores em igarapés da Amazônia. Além disso, o efeito das mudanças climáticas e do microplástico pode afetar o funcionamento do ecossistema (por exemplo, ciclagem de nutrientes).

### *1.2.6. Efeitos nas aves e tartarugas marinhas*

Diferentes investigações relataram o consumo de macroplástico por tartarugas marinhas (Carman et al., 2014; Mendes et al., 2015), no entanto, o relatório direto sobre a incidência de MPs em tartarugas marinhas é restrito. Normalmente, o consumo de microplástico por tartarugas marinhas é feito por engano (Nelms et al., 2019). As tartarugas são principalmente caçadoras e podem tomar os MPs como presa e ingeri-los (Hoarau et al., 2014); essas indicações vão ao encontro da sugestão de que os plásticos transparentes e brancos denotam a grande maioria dos plásticos consumidos (Camedda et al., 2014; Hoarau et al., 2014). Para além do fator visual, a formação de biofilme microbiano nos MPs e os invertebrados que os acompanham podem também levar as tartarugas marinhas a engoli-los devido a sinais sensoriais como o sabor e o cheiro (Reisser et al., 2014).

A incidência de microplásticos em aves marinhas tem sido relacionada com as suas práticas de limpeza (van Franeker et al., 2011). As aves caracterizadas por um comportamento de forrageamento de superfície, como fulmares, cagarras e gaivotas, ingeriram mais MPs flutuantes, enquanto os organismos zooplanctívoros, por exemplo o pequeno auk (Alle alle), estão mais expostos à ingestão de MPs (Avery-Gomm et al., 2013).

Fackelmannet al. (2023) examinaram se os microplásticos são acompanhados de alterações nos microbiomas cloacais e proventriculares em duas espécies de aves marinhas que ingeriram MPs. Encontraram uma correlação significativa entre a quantidade de MPs no interior do intestino e a diversidade microbiana. A composição de MPs foi correlacionada com o aumento de agentes patogénicos, resistentes a antibióticos, micróbios degradadores de plástico e diminuição da microbiota comensal. Kuhn e van Franeker (2012) relataram o efeito negativo dos MPs nos hábitos de alimentação das aves marinhas, resultando em perda de aptidão física e fome (Tanaka et al. 2013). Os microplásticos causam um incómodo toxicológico crescente nas baleias-comuns (Fossi et al., 2016), inflamação, toxicidade hepática, acumulação de lípidos no fígado dos peixes (Lu et al., 2016), podendo também servir de vetor de poluentes orgânicos persistentes e de assimilação de metais pesados pelas espécies marinhas (Brennecke et al., 2016). Por último, as espécies que engoliram MPs no seu interior podem servir de alimento para outras espécies da teia alimentar, transportando assim os microplásticos para outras espécies do nível trófico (Auta et al., 2017).

Rivers-Auty et al. (2023) examinaram a incidência e a influência dos MPs em vários tecidos de cagarras Ardenna carneipes, que é conhecida como uma classe que ingere quantidades substanciais de plásticos. Foram utilizadas técnicas histopatológicas para estimar a inflamação e as respostas fisiológicas após a exposição a MPs. Todos os órgãos examinados (proventrículo, baço e rim) tinham inserido partículas de MPs, o que estava inter-relacionado com a exposição a MPs. Foram observados danos significativos nos tecidos, incluindo fibrose, danos nos órgãos do baço e do rim, inflamação, redução das glândulas tubulares e rugas no proventrículo (Figura 30). Os resultados indicam que os microplásticos podem deslocar-se por todo o corpo, desencadeando patologias extensas, enquanto os macroplásticos podem provocar danos diretos no local de contacto.

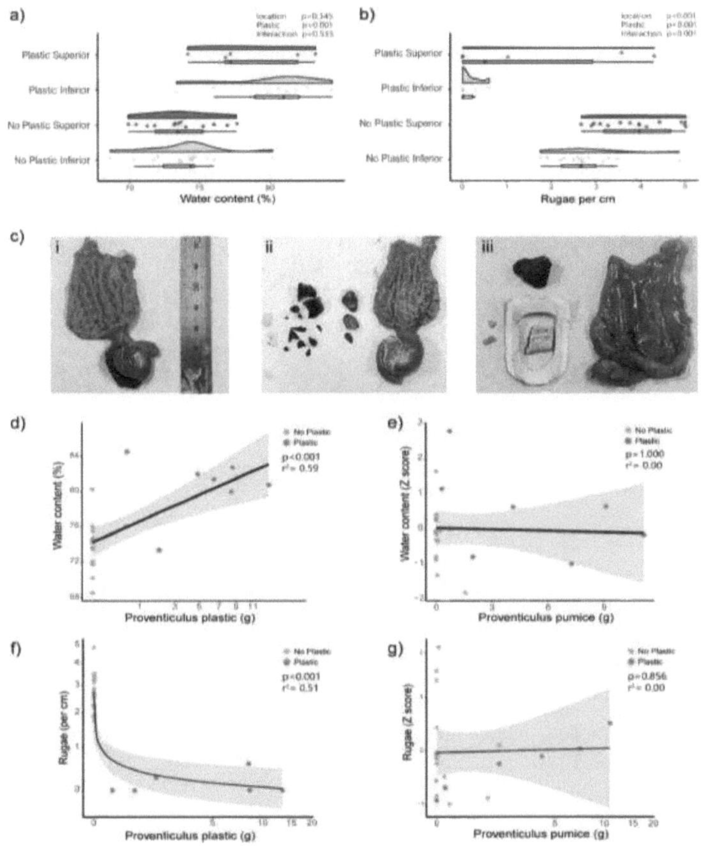

**Figura 30:** O plástico no proventrículo está associado a inflamação e a alterações na morfologia do órgão nos rios de cagarros de patas carnudas O teor de água no proventrículo foi significativamente mais elevado nas aves com plástico presente nas regiões superior e inferior do tecido (**a**); este aumento no teor de água foi proporcional à massa de plástico (gramas) encontrada no proventrículo (**d**) e não foi observado com a matéria particulada natural da pedra-pomes ingerida após o ajuste para o teor de plástico (**e**). O teor de água foi quantificado através da relação peso húmido - peso seco. Verificou-se uma perda significativa de rugas no proventrículo nas aves expostas a plástico, sobretudo na região inferior do proventrículo (**b, c**), a perda foi proporcional à massa de plástico encontrada no proventrículo (**f**) e não foi observada com a matéria particulada natural da pedra-pomes ingerida após o ajustamento para o teor de plástico (**g, c-i**). Os dados foram analisados através de uma modelação linear multinível com a identificação da ave como variável aleatória. (**a, b**) São mostrados gráficos de nuvens de chuva com gráficos de caixa (mediana e intervalos interquartis). (**d, f**) Regressão linear transformada em Box-Cox do teor de água e das rugas por cm, respetivamente, com intervalo de confiança de 95 % (cinzento). (**e, g**) Regressão linear do teor de água e das rugas por cm, respetivamente, após ajustamento para o teor de plástico, com intervalo de confiança de 95 % (cinzento) (Rivers-Auty et al., 2023).

### *1.2.7. Plantas aquáticas*

Num estudo realizado por Ceschin et al. (2023), *a Lemna minuta* foi tratada com diversas doses (50, 100 mg/L) de MPs em tempos de exposição (7, 14 e 28 dias). Examinaram os impactos fitotóxicos do MP através da análise de numerosos parâmetros bioquímicos e morfológicos das plantas (teor de malondialdeído e clorofila, tamanho das raízes e das frondes e crescimento das plantas). Os resultados mostraram que os MP afectaram negativamente o teor de clorofila e o crescimento das plantas. A existência de MP induziu o alongamento da raiz em comparação com as plantas de controlo e o momento mais evidente foi após 28 dias, como se mostra na Figura 31.

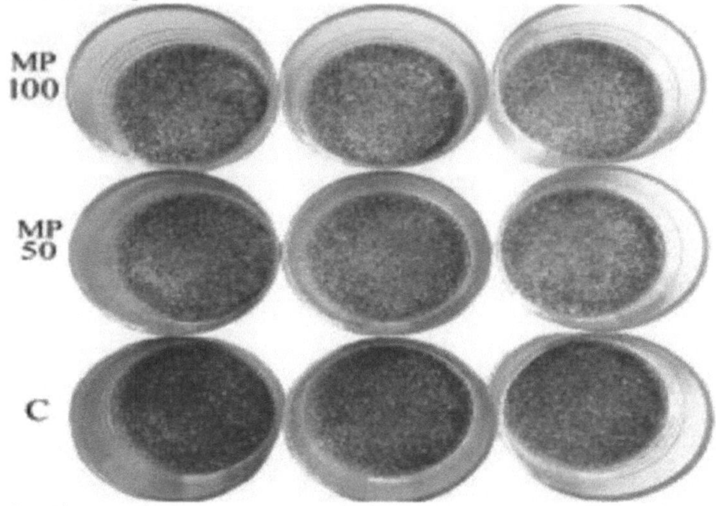


**Figura 31:** Biomassa de *L. minuta* no controlo (c) e nos tratamentos com microplástico (MP50 e MP100) em T28.

### *1.2.8. Aves*

Loganathan e Kizhakedathil (2023) mencionaram que 16 de 17 aves terrestres tinham lixo antropogénico microscópico (tamanho de 0,5 a 8,5 mm) no trato gastrointestinal. Os MPs detectados foram fibras plásticas (54,9%), plásticos bitty (7,7%) e fibras naturais (37,4%). Além disso, o exame revelou densidades mais elevadas de MPs em comparação com os seus homólogos aquáticos, o que foi causado pela ingestão de MPs através da ingestão indireta ou direta por transferência trófica.

Zhang et al. (2022) criaram um modelo in vivo de pintainho para consumir diferentes concentrações de microplásticos de poliestireno (1 mg/10 mg/100 mg/1000 mg por litro de água) para estudar o impacto no progresso do miocárdio utilizando uma investigação histopatológica, tendo encontrado uma disposição irregular e frouxa do tecido do miocárdio com feixes de fibras miocárdicas danificadas e grandes lacunas celulares logo após a exposição a microplásticos de poliestireno, tal como detectado na Figura 32. Além disso, os marcadores de stress de ER CHOP, ATF6, ATF4, IRE1, eIF2a, PERK e GRP78 foram sobre-expressos, os genes relacionados com a autofagia P62, Beclin1, ATG5 e LC3 foram reduzidos e ACTN2, TBX5, Gata4, Nkx2-5 e TnnT2 foram suprimidos após a exposição a PS-MPs.

Para além da lesão histopatológica detectada no miocárdio (Figura 32 A), a importante regulação negativa, dependente da dose, do ARNm para estes genes, descrita na Figura 32, propõe que os MPs administrados aos embriões de pintainho tenham tido impactos nocivos extensos no coração das aves. Assim, foi levantada a hipótese de que a displasia miocárdica foi induzida por PS-MPs em aves.

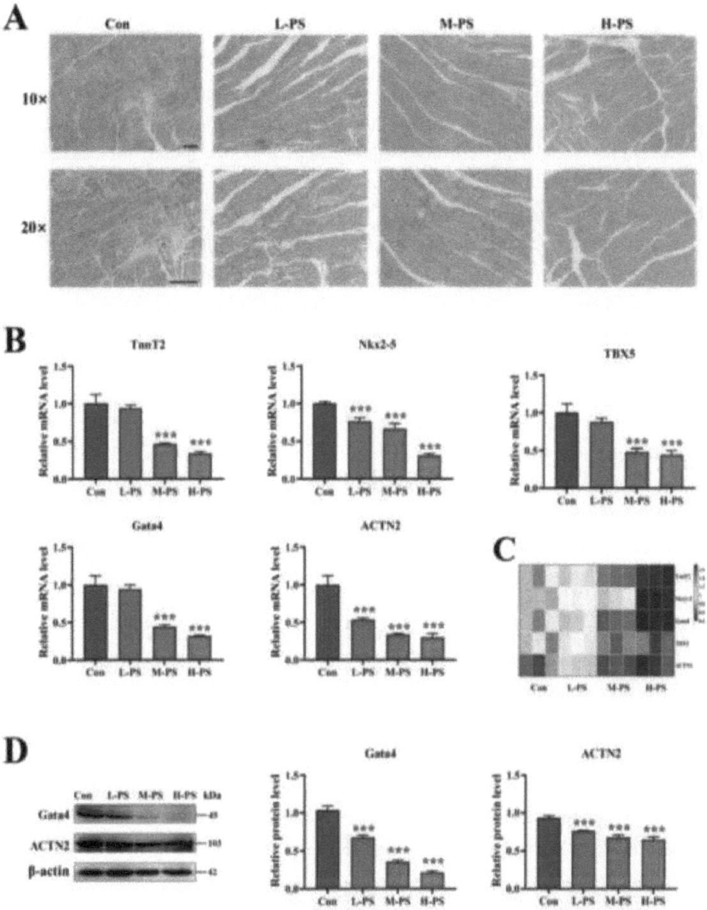


**Figura 32:** Efeitos da exposição a PS-MPs no desenvolvimento do miocárdio. (A) Danos histopatológicos no miocárdio em diferentes concentrações de PS-MPs (ampliação objetiva de 10x e 20x). (B) Nível de expressão relativa do ARNm de TnnT2, Nkx2-5, Gata4, TBX5 e ACTN2. (C) Mapas de calor da expressão relativa do ARNm. (D) Nível proteico de Gata4 e ACTN2. Os resultados são apresentados como média ± desvio padrão (DP), em comparação com o grupo de controlo, *** p <0,001. (Zhang et al., 2022).

### *1.2.9. Animais*

Uril et al. (2023) afirmaram que deve ser dada uma atenção especial aos animais de criação, uma vez que são produtores de ovos, carne e leite, com a consequente ameaça ao longo da cadeia alimentar. Os resultados de diferentes investigações indicaram a acumulação de nanoplásticos e microplásticos em tecidos animais e humanos, com numerosas influências negativas.

O risco causado pelos nanoplásticos e microplásticos aos animais é de natureza microbiológica, química e física. Os riscos microbiológicos estão relacionados com os microrganismos que aderem à superfície dos MPs. Os riscos químicos são causados por aditivos ou poluentes perigosos, enquanto os riscos físicos estão associados às pequenas dimensões das NPs/MPs que podem atravessar barreiras biológicas, incluindo tecidos hematoencefálicos, intestinais, cutâneos e placentários, causando danos diretos (Hwang et al., 2019). A exposição direta a MPs causa citotoxicidade, stress oxidativo, lesão celular, inflamação, alteração da função da membrana, imunotoxicidade e genotoxicidade (Poma et al., 2019). O efeito tóxico indireto como um processo pode iniciar uma cascata de outros impactos tóxicos (Kannan e Vimalkumar., 2021). Diferentes estudos confirmaram a ocorrência de respostas toxicológicas (Hirt, 2020; Yong et al., 2020).

Há também indicações de que a maior parte das partículas maiores consumidas são expelidas através das fezes, enquanto as partículas menores podem ser adsorvidas e, em seguida, atravessar parcialmente as barreiras dos tecidos. Por exemplo, as partículas pequenas (0,1-10 iim) podem atravessar as barreiras hemato-encefálicas, enquanto as partículas maiores (150 iim) podem atravessar o tecido gastrointestinal. As partículas de plástico de dimensão inferior a 2,5 iim podem também circular sistemicamente por endocitose.

Fournier et al. (2020) estudaram o efeito da administração de partículas de poliestireno (0,02 im) a ratos fêmeas em final de gestação e detetaram a transferência de MPs para tecidos fetais, incluindo coração, pulmões, cérebro, fígado e rim. Luo et al. (2019) também afirmaram que ocorreram diferentes distúrbios metabólicos, incluindo alterações no colesterol e nos triglicéridos, após a exposição ao poliestireno e que a descendência subsequente apresentava várias queixas metabólicas, incluindo uma alteração no colesterol e nos triglicéridos séricos.

### *1.2.10. Humano*

Dados emergentes sugerem que a exposição humana a microplásticos é plausível. A existência de microplásticos foi relatada em frutos do mar (Li et al., 2015; Mercogliano et al., 2020), bebidas e alimentos processados, como sal (Karami et al., 2017), cerveja (Liebezeit e Liebezeit, 2014) e, recentemente, em água engarrafada (Schymanski et al., 2018) e água da torneira (Kosuth et al., 2017). O consumo de marisco representa uma passagem para a exposição humana aos microplásticos (Smith et al., 2018). Os microplásticos podem ser consumidos por numerosas classes marinhas comerciais, incluindo peixes, caranguejos, ostras, mexilhões e pepinos-do-mar, sendo depois transmitidos ao longo da cadeia alimentar (Sharma e Chatterjee, 2017).

Pouco se sabe sobre a influência dos MPs na saúde humana e os impactos tóxicos que podem diferir dependendo do tamanho, tipo, forma e concentração dos microplásticos. Consequentemente, é necessária mais investigação para compreender as ferramentas moleculares e celulares da toxicidade dos microplásticos (Lee et al., 2023).

Rochman et al. (2014) referiram que a ocorrência de microplásticos no trato gastrointestinal (TGI) dos peixes não constitui uma indicação direta da exposição a microplásticos, uma vez que o TGI não é habitualmente consumido pelos seres humanos (Alomar e Deudero, 2017). A exposição alimentar a microplásticos através dos peixes pode ser possível se os microplásticos forem capazes de se deslocar através das brânquias ou do TGI por difusão paracelular ou absorção transcelular e passar para o fluido circulatório (Wright e Kelly, 2017). Existe a probabilidade de lixiviação e acumulação de poluentes químicos associados nos tecidos comestíveis, na postagem de microplásticos, podendo posteriormente ser transportados através da cadeia alimentar (Wright e Kelly, 2017).

Muitas espécies que são consumidas inteiras, como os moluscos bivalves, alimentam-se através do bombeamento de grandes volumes de água dentro das suas conchas, retendo microplásticos da água nas suas guelras para posterior ingestão (Figura 33). Por conseguinte, estão diretamente expostos a microplásticos através da coluna de água (Wright e Kelly, 2017). A Crassostrea gigas recolhida no Oceano Atlântico e a Mytilus edulis recolhida no Mar do Norte estavam carregadas com microplásticos de 0,47 ± 0,16 e 0,36 ± 0,07 partículas por cada grama de tecido mole, respetivamente. Foi referido que os seres humanos nos países europeus recebem até 11 000 partículas de plástico devido à alimentação de bivalves, o que é considerado uma exposição digna de nota (Van Cauwenberghe e Janssen, 2014). Os mecanismos moleculares subjacentes aos impactos dos MPs na saúde humana são apresentados na Figura 33.

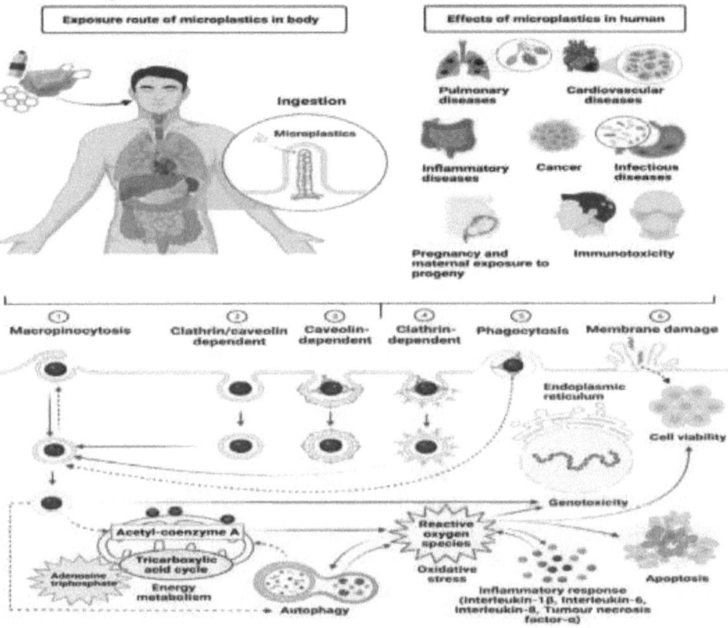


**Figura 33:** Efeitos prejudiciais da ingestão de microplásticos na saúde humana e mecanismos tóxicos. (Lee et al., 2023).

Os MPs no solo agrícola podem passar para o corpo humano através da respiração e dos alimentos, provocando irritação respiratória, doenças cardiovasculares, obesidade, distúrbios gastrointestinais e asma, o que representa um grave perigo para o ser humano (Yu et al., 2021). As prováveis consequências dos microplásticos consumidos na saúde humana foram apresentadas em estudos in vitro; Schirinzi et al (2017) revelaram que a exposição ao microplástico (10 μm) poderia desencadear a produção de espécies reativas de oxigénio em células humanas epiteliais e cerebrais. Além disso, diversos relatórios afirmaram que o contacto com MPs inicia danos no ADN, stress oxidativo, inflamação (Jassim, 2023); genotoxicidade, deficiência reprodutiva, alteração dos efeitos físicos e comportamentais, hemolinfa e sangue (Loganathan e Kizhakedathil, 2023), biotransformação de enzimas, mortalidade e neurotoxicidade. Outro efeito toxicológico foi observado na estrutura celular, conforme relatado por Pironti et al. (2021) (Figura 34).

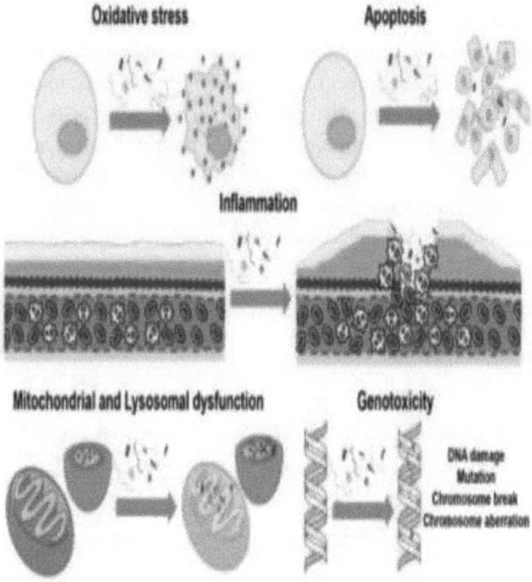


**Figura 34**: Consequências toxicológicas das micropartículas de poliestireno na estrutura das células: apoptose, inflamação, genotoxicidade, disfunção lisossomal e stress oxidativo (Pironti et al., 2021).

***A. Carcinogenicidade***

A exposição humana a substâncias plásticas tem sido relacionada com doenças malignas. 827289/full "Prata (2018) afirmou que a irritação e a inflamação prolongadas causadas pelo consumo de MPs podem provocar cancro devido a danos no ADN. Da mesma forma, 827289/full "Chang (2010) relatou que a irritação persistente e o stress oxidativo causados pelos nanoplásticos apresentavam sinais de pró-inflamação, que iniciavam a vasculatura, levando ao desenvolvimento e à criação de cancros.

Num estudo realizado por Park et al. (2023), estudaram o impacto dos microplásticos de polipropileno com um tamanho de 16,4 iim que existem naturalmente no ambiente como agente causador do cancro da mama. Verificaram que 1,6 mg/ml de polipropileno não induz a migração celular, citotoxicidade ou alterações morfológicas em MDA-MB- 231. No entanto, após a incubação de PPMP com as células MDA-MB-231 durante 24 horas, ocorreu uma alternância significativa de transcrições relacionadas com o ciclo celular numa análise RNA-seq. Além disso, a qRT-PCR revelou um aumento da expressão genética de PTP4A2, AP2M1 e TMBIM6, e uma diminuição do nível de transcrição de FTH1. Foi também observada uma elevação na emissão da citocina pró-infamatória IL-6 das células cancerígenas, o que sugere que o PPMP aumentou as citocinas e a expressão do gene relacionado com a metástase nas células do cancro da mama, desencadeando a metástase do cancro da mama.

Da mesma forma, Tavakolpournegari et al. (2023) estudaram os impactos biológicos das MNPLs de poliestireno (500, 200 e 50 nm) em 3 linhas celulares hematopoiéticas humanas diferentes (TK6, THP- e 1Raji-B). Os resultados mostraram que estas concentrações não induziram toxicidade nas linhas celulares testadas. Embora as imagens de microscopia confocal e eletrónica de transmissão mostrassem a internalização das células em todos os tipos, a absorção pelas células testadas estava negativamente relacionada com o tamanho. Os impactos relacionados com a dose foram detectados apenas para as células Raji-B e THP-1. Estas influências foram detectadas para os diferentes tamanhos testados. Quando o stress oxidativo foi investigado, não foram observados impactos claros, sugerindo que o tipo de célula, o tamanho e o parâmetro biológico são caraterísticas que modulam o contorno toxicológico dos MNPL.

***B. Efeito no sistema digestivo***

A exposição humana aos MPs pode ter consequências negativas no funcionamento dos sistemas corporais. Quase 100 biliões de microrganismos simbióticos colonizam o intestino humano e são identificados como o microbiota intestinal. Este microbiota regula a digestão e a expressão genética. Além disso, são responsáveis pelos processos imunitários e metabólicos através da produção de analgésicos, vitaminas, antioxidantes, ácidos gordos e agentes anti-inflamatórios. Os estudos efectuados referem o efeito perigoso dos MP na diversidade e composição destes microbiotas, provocando a redução da sua abundância. Pode dar um sinal notável sobre doenças decorrentes da disbiose do microbioma, tais como doenças cardiovasculares, cancro do cólon e diabetes (Kitai e Tang, 2017).

Fournier et al. (2023) examinaram o efeito da exposição repetitiva a microplásticos de polietileno (PE) na biota intestinal humana e na barreira intestinal. A conformação da biota intestinal da mucosa e da lumina foi reconhecida por actividades microbianas e metabarcoding 16S e análises caracterizadas da atividade AhR, volatolómica, ácido gordo de cadeia curta e gás. A integridade da barreira intestinal foi avaliada através da síntese de mucina, da inflamação e da permeabilidade intestinal. Em primeiro lugar, o contacto com MPs PE provocou impactos dependentes do doador. Em segundo lugar, foi detectado um aumento da carga de patogénicos nocivos, *Enterobacteriaceae* e *Desulfovibrionaceae*, e uma redução de bactérias úteis, como *Akkermansiaceae* e *Christensenellaceae*. Estas alterações bacterianas foram associadas a mudanças nos perfis de compostos orgânicos voláteis, notavelmente caracterizados pelo aumento da produção de indol 3-metil. Não foi detectado qualquer efeito substancial na barreira intestinal dos MPs do PE, resultante de alterações nos metabolitos do intestino microbiano.

***C. Sistema circulatório***

Rotchell et al. (2023) analisaram amostras de veia safena humana quanto à incidência de MPs utilizando FTIR. Eles identificaram cerca de 20 partículas de MPs contendo 5 polímeros de MP em 4 de 5 amostras de veias com média não ajustada de 29,28 ± 34,88 MP/g de tecido da veia. Foram reconhecidas cinco formas irregulares de MPs como (45%), poli (propionato de vinilo/acetato PVAc (20%)/ (90%), com resina alquídica, e nylon- etileno-acetato de vinilo, nylon-EVA, camada de ligação (20%). Embora os níveis de MP nas amostras de tecido não fossem consideravelmente diferentes dos reconhecidos nos espaços em branco práticos. Estes resultados apoiam o fenómeno do transporte de MPs nos tecidos humanos, especialmente nos vasos sanguíneos. Após a exposição aos MPs, estes podem afetar diretamente o intestino ou translocar-se para alguns órgãos através do sistema circulatório. Uma vez atingidos os vasos sanguíneos, os nano e microplásticos podem causar hipertensão pulmonar, oclusões vasculares, flogose, citotoxicidade das células sanguíneas e respostas inflamatórias sistémicas (Wright e Kelly, 2017).

Podem ocorrer consequências de risco para o sistema reprodutor, prejudicando o ciclo de vida do embrião e causando perturbações no progresso do organismo. Os MP podem aderir aos poros crónicos, provocando uma redução na absorção de oxigénio, o que leva a uma alternância no coração e a um atraso na eclosão. Além disso, os MP podem prejudicar a reprodução durante o desenvolvimento dos gâmetas (Chen et al., 2020). Os danos nos espermatozóides podem ocorrer causando inflamação e stress oxidativo (Figura 35).

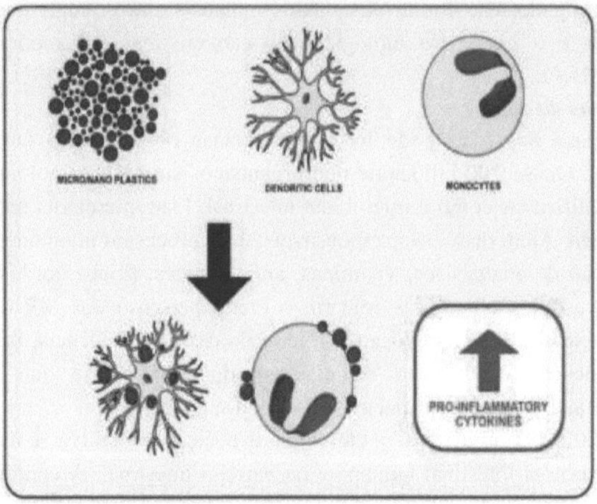


**Figura 35:** Consequências das Mps nas células inflamatórias. Os micro e nanoplásticos que se ligam a células como as células dendríticas ou os monócitos podem estimular a libertação de citocinas pró-inflamatórias (Baj et al., 2022).

***D. Sistema imunitário***

Com base na dispersão dos MP e na resposta das pessoas, os MP têm a capacidade de alterar as funções do sistema imunitário humano. Foi relatado que os MP desencadeiam respostas imunitárias locais ou sistémicas após a exposição. Além disso, os sistemas imunitários suscetíveis dos seres humanos foram afetados pela exposição a MP, causando doenças autoimunes ou de imunossupressão e a produção de interleucinas (Prata, 2018; Prata et al., 2020, Sun et al. 2021). De acordo com Farhat et al. (2011), as doenças autoimunes resultantes da exposição a MPs podem ser causadas por danos nas células persistentes, estimulação inadequada das células imunitárias e criação de moduladores imunitários que levam à criação de anticorpos contra auto-antigénios (Farhat et al., 2011). Além disso, a doença reumática autoimune sistémica e o lúpus eritematoso foram ambos associados à exposição a MP (Bernatsky et al., 2016).

Osman et al. (2023) referiram que diferentes estudos sobre a exposição a MPs propuseram que os hidrocarbonetos aromáticos policíclicos podem causar stress no sistema imunitário do organismo. Por exemplo, a exposição a estes hidrocarbonetos durante a gravidez conduz a rácios mais baixos de linfócitos D19+ e mais elevados de linfócitos CD4+e CD3+ e à morte de células no sangue do cordão umbilical, prejudicando o desenvolvimento do sistema imunitário do feto.

***E. Efeito no embrião***

Jeong et al. (2022) referiram que a exposição materna ao poliestireno durante a lactação e a gestação teve impacto na função das composições celulares neurais, na histologia das células cerebrais e na função das células estaminais neurais. À medida que as nanopartículas de poliestireno (doses de 10-500 ugclav) são transmitidas à descendência, levam a um aumento do peso corporal e cerebral da descendência pós-natal. Doses mais elevadas, como 500-1000 g/dia, resultaram numa redução das células progenitoras e em proliferação, e numa redução de 60% no hipocampo, o que sugere que a exposição a MPs teve impacto na função das células estaminais neurais em algumas secções do cérebro. Além disso, estas partículas nanoplásticas reduziram a proliferação de células estaminais neurais, alteraram a neurogénese do hipocampo e reduziram o comprimento dos neurónios.

A citometria de fluxo foi utilizada por Hu et al. (2021) para investigar ameaças ao sistema imunitário num modelo murino de acasalamento alogénico sujeito a partículas de Ps. Eles descobriram uma liberação notável em embriões reabsorvidos para indivíduos expostos a Ps em comparação com o grupo não exposto (16,31% versus 5,48%; p <0,01), demonstrando possível impacto toxicológico na reprodução feminina devido à ausência uterina.

Huang et al. (2022b) afirmaram que a exposição materna ao poliestireno durante a lactação e a gravidez em ratinhos provocou uma diminuição do peso corporal pós-natal e do nascimento da descendência. No caso de doses elevadas, provocaram um aumento da produção de citocinas pró-inflamatórias, indução de stress oxidativo e perturbação do glicometabolismo. O contacto com nanoplásticos de poliestireno durante o período pós e pré-natal provocou uma redução do peso dos testículos, danos no epitélio seminífero e uma redução do número de espermatozóides nas crias de ratinho. Também promoveram danos oxidativos nos testículos, designados por alteração da atividade da catalase e da superóxido dismutase, para além do aumento da produção de malondialdeído. Zhao et al. (2023) estudaram a toxicidade na fase adulta da reprodução masculina após a exposição ao PS-MP, investigando o efeito tóxico na função reprodutiva e no desenvolvimento testicular após a exposição pós-natal e pré-natal a 0, 0,5, 5 e 50 mg/L de PS-MP através da água potável diária desde o dia 1 da gestação até ao dia pós-natal (DPN) 35 ou DPN70.

Seis placentas humanas de Roma (Itália) foram analisadas por Ragusa et al. (2021) utilizando a técnica de microespectroscopia Raman. Eles descobriram que doze fragmentos de MPs (5-10 iim) foram observados em quatro espécimes. Notavelmente, os MPs detectados eram pigmentados, propondo que eram originários de tintas, produtos de higiene pessoal e revestimentos. Para além disso, as partículas de MPs encontravam-se no lado fetal da membrana corioamniótica e na placenta, o que evidencia um risco provável. Foi levantada a hipótese de que os MPs na placenta poderiam interceder com as principais vias que controlam a função de sinalização do fator de crescimento, o sistema imunológico, além de outros sistemas. Wick et al. (2010) também relataram que partículas de poliestireno de 240 nm de tamanho podem atravessar a barreira placentária por difusão ou ligação a proteínas de transporte celular.

## REFERÊNCIAS


Almeda, R., Rodriguez-Torres, R., Rist, S., Winding, M. H. S., Stief, P., Hansen, B. H., Nielsen, T.G., 2021. Os microplásticos não aumentam a bioacumulação de hidrocarbonetos de petróleo no zooplâncton do Ártico, mas desencadeiam a supressão da alimentação em condições de co-exposição. Sci Total Environ. 751, 141264

Alomar ,C., Deudero, S., 2017. Evidência de ingestão de microplástico no tubarão Galeus melastomus Rafinesque, 1810 na plataforma continental ao largo do Mar Mediterrâneo Ocidental. Environ Pollut. 223, 223-229.

Anbumani, S., Kakkar, P., 2018. Efeitos ecotoxicológicos dos microplásticos na biota: uma revisão. Environ. Sci. Pollut. Res. 25(15), 14373-14396.

Auta, H S., Emenike, C. U., Fauziah, S. H., 2017. Distribuição e importância dos

microplásticos no ambiente marinho: A review of the sources, fate, effects, and potential solutions. Environ. Int. 102, 165-176.
Avery-Gomm, S., Provencher, J. F., Morgan, K. H., Bertram, D. F., 2013. Ingestão de plástico em espécies de aves associadas ao mar do Pacífico Norte oriental. Mar. Pollut. Bull. 72, 257-259.
Baj, J., Dring, J. C., Czeczelewski, M., Kozyra, P., Forma, A., Flieger, J., Kowalska, B., Buszewicz, G., Teresinski, G., 2022. Derivados de plásticos como potenciais factores carcinogénicos: The current state of knowledge. Cancros, 14 (19), 4637.
Bank, M.S., Hansson, S.V., 2019. O ciclo do plástico: Um paradigma novo e holístico para o antropoceno. Environ. Sci. Technol., 53(13), 7177-7179.
Bellas, J., Gil, I., 2020. Os microplásticos de polietileno aumentam a toxicidade do clorpirifos para o copépode marinho *Acartia tonsa*. Environ. Pollut. 260, 114059.
Bernatsky, S., Smargiassi, A., Barnabe, C., Svenson, L. W., Brand, A., Martin, R. V., et al. 2016. Poluição atmosférica por partículas finas e doença reumática autoimune sistémica em duas províncias canadianas. Environ. Res. 146, 85-91.
Besseling, E., Wegner, A., Foekema, E. M., van den Heuvel-Greve, M. J., Koelmans, A. A., 2013. Efeitos dos microplásticos na aptidão física e na bioacumulação de PCBs pelo lugworm *Arenicola marina* (L). Environ. Sci. Technol. 47 (1), 593-600.
Bhuyan, M.S., 2022. Efeitos dos microplásticos nos peixes e na saúde humana. Front. Environmen. Sci. 10, 827289.
Blocker, L., Watson, C., Rhein-Waal, H., 2020 . Vivendo na era do plástico - diferentes respostas microbianas de curto prazo à adição de microplásticos a solos aráveis com conteúdo contrastante de matéria orgânica do solo e legado de gestão agrícola. Environ. Pollut. 267.
Borgatta M., Breider F., 2024. Inalação de microplásticos - Uma complexidade toxicológica. Toxics, 12, 358.
Brennecke, D., Duarte, B., Paiva, F., Cacador, I., Canning-Clode, J., 2016. Microplásticos como vectores de contaminação por metais pesados do ambiente marinho. E stuar. Coast. Shelf Sci. 1-7.
Browne, M. A., Dissanayake, A., Galloway, T. S., Lowe, D. M., Thompson, R. C., 2008. O plástico microscópico ingerido é translocado para o sistema circulatório do mexilhão, *Mytilus edulis*. Environ Sci Technol. 42(13), 5026-5031.
Camedda, A., Marra, S., Matiddi, M., Massaro, G., Coppa, S., Perilli, A., Ruiu, A., et al., 2014. Interação entre as tartarugas marinhas cabeçudas (*Caretta caretta*) e o lixo marinho na Sardenha (Mar Mediterrâneo Ocidental). Mar. Environ. Res. 100, 25-32.
Canniff, P.M., Hoang, T.C., 2018. Ingestão de microplástico por *Daphnia magna* e seu aprimoramento no crescimento de algas. Sci. Total Environ. 633, 500-507.
Carman, V. G., Acha, E. M., Maxwell, S. M., Albareda, D., Campagna, C., Mianzan, H., 2014. Jovens tartarugas verdes, *Chelonia mydas*, expostas ao plástico numa zona frontal do Atlântico SW. Mar. Pollut. Bul. 78(1-2), 56-62.
Cauwenberghe, L., R Janssen, C., 2014. Microplásticos em bivalves cultivados para consumo humano. Environ Pollut. 193, 65-70.
Ceschin, S., Di Lernia, F.M., Venditti, I., Pelella, E., 2023. Efeitos da contaminação por microplásticos na *planta* aquática *Lemna minuta* (*Least Duckweed*). Plantas 12(1), 207.
Chang, C., 2010. Os efeitos imunitários das nanopartículas naturais e sintéticas. J. Autoimmun. 34 (3), J234-J246.
Chen, J. C., Chen, M. Y., Fang, C., Zheng, R. H., Jiang, Y. L., Zhang, Y. S.,Wang, K. J.,

Bailey, C., Segner, H., Bo, J., 2020. Os microplásticos têm um impacto negativo na embriogénese e modulam a resposta imunitária *da medaka* marinha *Oryzias* melastigma. Mar. Pollut. Bull. 158, 111349.
Cole, M., Lindeque, P. K., Fileman, E., Clark, J., Lewis, C., Halsband, C., Galloway, TS., 2016. Os microplásticos alteram as propriedades e as taxas de afundamento dos pellets fecais do zooplâncton. Environ. Sci. Technol. 50(6), 3239-3246.
Crawford, C. B., Quinn, B., 2017. As interações de microplásticos e poluentes químicos. Microplastic pollut. 131-157.
De Felice, B., Sabatini, V., Antenucci, S., Gattoni, G., Santo, N., Bacchetta, R., Ortenzi, M.A., Parolini, M., 2019. A ingestão de microplásticos de poliestireno induziu efeitos comportamentais no cladócero *Daphnia magna*. Chemosphere 231, 423431.
Derraik, J. G., 2002. A poluição do ambiente marinho por detritos de plástico: uma revisão. Mar Pollut Bull. 44(9), 842-852. https://doi. org/10.1016/S0025-326X(02)00220-5
toxicidade do ftalato de dibutilo na alface (*Lactuca sativa* L.). J. Hazard. Mater. 401, 123422.
Dissanayake, D., Kim S., Sarkar B., Oleszczuk , P., Sang , M.K., Haque, M.N., Ahn, J.H., Bank, M.S., Ok, Y.S., 2022. Efeitos dos microplásticos no ambiente terrestre: Uma revisão crítica. Environ. Res. 209, 112734
Duan, Y., Xiong, D., Wang, Y., Zhang, Z., Li, H., Dong, H., Zhang, J., 2021. Efeitos toxicológicos de microplásticos em *Litopenaeus vannamei* conforme indicado por uma abordagem integrada de microbioma, proteômica e metabolômica. Sci Total Environ. 761, 14331.
Eltemsah, Y. S., B0hn T., 2019. Efeitos agudos e crónicos dos microplásticos de poliestireno em Daphnia magna juvenil e adulta. Environ. Pollut. 254, 112919.
Espinosa, C., Esteban, M. A., e Cuesta, A., 2016. Microplásticos em ambientes aquáticos e suas implicações toxicológicas para os peixes. InTech. doi: 10.5772/64815
Gao, M., Liu, Y., Dong, Y., e Song, Z., 2021. Efeito das partículas de polietileno nas emissões de gases e na comunidade microbiana em solo fertilizado. Environ. Pollut.
Green, D. S., 2016. Effects of microplastics on European flat oysters, Ostrea edulis and their Effects of microplastics on European flat oysters, *Ostrea edulis* and their associated benthic communities. Environ Pollut. 216, 95-103.
Greven, A.C., Merk, T., Karagoz, F., Mohr, K., Klapper, M., Jovanovic, B., e Palic, D., 2016. As partículas nanoplásticas de policarbonato e poliestireno actuam como factores de stress para o sistema imunitário inato do peixe-anão (*Pimephales promelas*). Environ Toxicol Chem 35(12), 3093-3100.
Fackelmann, G., Pham, C.K., Rodnguez, Y., Mallory, M.L., Provencher, J.F., Baak, J.E., Sommer, S., 2023. Os níveis actuais de poluição por microplásticos têm impacto nos microbiomas intestinais das aves marinhas selvagens. Nat. Ecol. Evol. 7, 698-706.
Farhat, S. C. L., Silva, C. A., Orione, M. A. M., Campos, L. M. A., Sallum, A. M. E., Braga, A. L. F., 2011. Poluição do ar nas doenças reumáticas autoimunes: uma revisão. Autoimmun. Rev. 11 (1), 14-21.
Feng, L., He, L., Jiang, S., Chen, J., Zhou, C., Qian, Z.-J., Hong, P., Sun, S., Li, C., 2020. Investigando a composição e distribuição de biofilmes de superfície de microplásticos em áreas de coral. Chemosphere 252, 126565.
Firmino , VC., Martins, R.T., Brasil, L.S., Cunha, E.J., Raul Bismarck Pinedo- Garcia, R.B., Hamada, N., Juen , J.L., 2023. Os microplásticos e as mudanças climáticas afetam negativamente os invertebrados fragmentadores de um igarapé amazônico? Uma perspetiva

de funcionamento do ecossistema. Environ. Pollut. 321, 121184.
Fossi, M. C., Marsili, L., Baini, M., Giannetti, M., Coppola, D., Guarranti, C., Caliani, I., Minutoli, R., Lauriano, G., Finoia, M. G., Rubegni, F., Panigada, S., Berube, M., Ramirez, J. U., Panti, C., 2016. Baleias-comuns e microplásticos: os cenários do Mar Mediterrâneo e do Mar de Cortez. Environ. Pollut. 209, 6878.
Fournier, S.B., D'Errico, J.N., Adler, D.S., Kollontzi, S., Goedken, M.J., Fabris, L., Yurkow, E.J., Stapleton, P.A., 2020. Translocação de nanopoliestireno e deposição fetal após exposição pulmonar aguda durante o estágio final da gravidez. Parte. Fibre Toxicol. 17, 55.
Fournier E., Leveque, M., Ruiz P., 2023. Microplásticos: o que acontece no trato digestivo humano? Primeiras evidências em adultos utilizando modelos intestinais in vitro. J Hazard Mater. 2023; 442130010.
Han, Y., Shi, W., Tang, Y., Zhou, W., Sun, H., Zhang, J., Yan, M., Hu, L., Liu, G., 2022. Microplásticos e bisfenol A prejudicam o desenvolvimento gonadal do camarão perna branca (*Litopenaeus vannamei*), interferindo no metabolismo e interrompendo a regulação hormonal. Sci Total Environ. 810, 152354.
Hazeem, L.J., Yesilay, G., Bououdina, M., Perna, S., Cetin, D., Suludere, Z., Barras, A., Boukherroub, R., 2020. Investigação dos efeitos tóxicos de diferentes micro e nanoplásticos de poliestireno na microalga *Chlorella vulgaris* através da análise da viabilidade celular, conteúdo de pigmentos, stress oxidativo e alterações ultraestruturais. Mar. Pollut. Bull. 156, 111278.
Hirt, N., Body-Malapel, M., 2020. Imunotoxicidade e efeitos intestinais dos nano e microplásticos: A review of the literature. Parte. Fibre Toxicol. 17, 57.
Hoarau, L., Ainley, L., Jean, C., Ciccione, S., 2014. Ingestão e defecação de detritos marinhos por tartarugas marinhas cabeçudas, *Caretta caretta*, de capturas acessórias no sudoeste do Oceano Índico. Mar. Pollut. Bull. 84, 90-96.
Holmes, L.A., Turner, A., Thompson, R.C., 2014. Interações entre metais vestigiais e pellets de produção de plástico em condições estuarinas. Mar Chem 167, 2532.
Horton, A. A., Svendsen, C., Williams, R. J., Spurgeon, D. J., Lahive, E., 2017. Grandes partículas de microplástico em sedimentos de afluentes do rio Tamisa, Reino Unido - Abundância, fontes e métodos para uma quantificação efectiva. Mar Poll Bull. 114, 218-226.
Hu, W., Liu,D., Su, S., Ren, L., Wei, L., Yue,S., Xie, Q., Zhang, Z., Wang, Z., Yang, N., Wu, L., Deng, J., Qi, Y., Fu, P., 2021. Degradação fotoquímica da matéria orgânica na atmosfera, Adv. Sustain. Syst. 5 (11), 2100027.
Huang, J. N., Wen, B., Xu, L., Ma, H.-C., Li, X.-X., Gao, J. Z., et al. (2022a). Os micro/nanoplásticos causam toxicidade neurocomportamental no peixe-disco (*Symphysodon aequifasciatus*): uma visão do eixo cérebro-intestino-microbiota. J. Hazard. Mater. 421, 126830.
Huang, T., Zhang W., Lin T., Liu S., Sun Z., Liu F., et al. ., 2022b. A exposição materna a nanoplásticos de poliestireno durante a gestação e a lactação induz toxicidade hepática e testicular na descendência de ratos machos. Food Chem Toxicol. 160, 112803.
Hwang, J., Choi, D., Han, S., Choi, J., Hong, J., 2019. Uma avaliação da toxicidade dos microplásticos de polipropileno em células derivadas de humanos. Sci. Total Environ. 684, 657-669.
Imran, M., Das, K.R., Naik, M.M., 2019. Co-seleção de resistência multi-antibiótica em agentes patogénicos bacterianos em ambientes contaminados com metais e microplásticos: Uma ameaça emergente para a saúde. Chemosphere 215, 846-857.

Isinibilir, M., Svetlichny, L., Mykitchak, T., Turkeri, E. E., Ervalcin, K. M., Do "gan, O., Can, G., Yuksel, E., Kideys, A. E., 2020. Consumo de microplástico e seu efeito na taxa de respiração e motilidade de *Calanus helgolandicus* do mar de Mármara. Frontiers in Mar. Sci. 7, 60332.

Issac, M.N., Kandasubramanian, B., 2021. Efeito dos microplásticos na água e nos sistemas aquáticos. Environmental Sci Pollut Res. 28(16), 19544-19562.

Ivleva, N.P., Wiesheu, A.C., Niessner, R., 2017. Microplástico em ecossistemas aquáticos. Angew. Chem. Int. Ed. 56 (7), 1720-1739.

Jabeen, K., Li, B., Chen, Q., Su, L., Wu, C., Hollert, H., et al., 2018. Efeitos de MPs virgens no peixe dourado (*Carassius auratus*). Chemosphere 213, 323-332.

Jacob, H., Besson, M., Oberhaensli, F., Taylor, A., Gillet, B., Hughes, S., et al., 2021. Uma avaliação multifacetada dos efeitos dos MPs de polietileno em juvenis de dourada (*Sparus aurata*). Aquat. Toxicol. 106004.

Jassim, A.K., 2023. Efeito do microplástico na saúde humana. 13(2), 126. doi: 10.5772/intechopen.107149.

Jeong B., Baek J. Y., Koo J., Park S., Ryu Y. K., Kim K. S., et al., 2022. A exposição materna a nanoplásticos de poliestireno provoca anomalias cerebrais na descendência. J. Hazard Mater. 426, 127815.

Jeong, C.B., Won, E.J., Kang, H.M., Lee, M.C., Hwang, D.S., Hwang, U.K., Zhou, B., Souissi, S., Lee, S.J., Lee, J.S., 2016. Toxicidade dependente do tamanho do microplástico, indução de stress oxidativo e ativação de p-JNK e p-p38 no rotífero Monogonont (*Brachionus koreanus*). Environ. Sci. Technol. 50, 8849-8857.

Judy, J. D., Williams, M., Gregg, A., Oliver, D., Kumar, A., Kookana, R., et al., 2019. Microplásticos em saídas orgânicas de resíduos mistos municipais induzem toxicidade mínima de curto a longo prazo na biota terrestre chave. Environ. Pollut. 252, 522-531.

Kang, H. M., Byeon, E., Jeong, H., Kim, M. S., Chen, Q., Lee, J. S., 2021. Diferentes efeitos de nano e MPs no estado oxidativo e microbiota intestinal na medaka marinha *Oryzias melastigma*. J. Haz. Mater. 405, 124207.

Kannan, K. , Vimalkumar, K., 2021. Uma revisão da exposição humana a microplásticos e insights sobre microplásticos como obesogênicos. Front Endocrinol (Lausanne). 18(12), 724989.

Karami, A., Golieskardi, A., Keong Choo, C., Larat, V., Galloway T., Salamatinia B., 2017. A presença de microplásticos em sais comerciais de diferentes países. Sci. Rep. 7, 46173.

Kim, S.Y., Kim, Y.J., Lee, S. W., Lee, E. H., 2022. Interações entre bactérias e partículas de poliestireno de tamanho nano (micro). Chemosphere, 135584.

Kitai, T., Tang, W.W., 2017. O papel e o impacto da microbiota intestinal nas doenças cardiovasculares. Rev. Esp. Cardiol. 70, 799-800.

Kolandhasamy, P., Su, L., Li, J., Qu, X., Jabeen, K., Shi, H., 2018. Aderência de microplásticos ao tecido mole de mexilhões: Uma nova maneira de absorver microplásticos além da ingestão. Sci. Total. Environ. 610-611, 635-640.

Kosuth M., Mason S., Wattenberg E., Wattenberg C., 2017. Contaminação por polímeros sintéticos da água potável global. PLOS ONE | https://doi.org/10.1371/journal.pone.0194970

Kuhn, S., van Franeker, J. A., 2012. Ingestão de plástico pelo fulmar do norte (*Fulmarus glacialis*) na Islândia. Mar. Pollut. Bull. 64(6), 1252-1254.

Kumar, M., Xiong, X., He, M., Tsang, D. C. W., Gupta, J., Khan, E., et al., 2020. Microplásticos como poluentes em solos agrícolas. Environ Pollut. 265(Pt A):114980.

acumulação de fenantreno nos ovários de Medaka marinha (*Oryzias*
uma planta comestível. Chin Sci Bull. 64, 928-934.
Lagarde, F., Olivier, O., Zanella, M., Daniel, P., Hiard, S., Caruso, A., 2016. Interações de microplásticos com microalgas de água doce: hetero-agregação e mudanças na densidade do plástico parecem fortemente dependentes do tipo de polímero. Environ. Pollut. 215, 331-339.
Lee, H., Shim, W. J., e Kwon, J. H., 2014. Capacidade de sorção de detritos plásticos para produtos químicos orgânicos hidrofóbicos. Sci Total Environ. 1, 470-471.
Lee, Y., Yoon, D., Lee, Y.H., Kwak, J.I., An, Y., Lee, J., Park, J.C., 2021. A exposição combinada a microplásticos e zinco produz respostas específicas do sexo na pulga d'água Daphnia magna. J. Hazard. Mater. 420, 126652.
Lee,Y., Jaelim Cho, Sohn, J., Kim, C., 2023. Efeitos na saúde da exposição a microplásticos: Questões actuais e perspectivas na Coreia do Sul. Yonsei Med J. 64(5), 301-308.
Li , J., Yang D., Li l., Jabeen K., 2015, Microplastics in commercial bivalves from China. Environ. Pol. 207, 190-195.
Li, L., Zhou, Q., Yin, N., Tu. C., Luo, Y., 2019. Absorção e acumulação de microplásticos em
Li, X., Chen, Y., Zhang , S. , Dong Y., Pang Q., Lynch , I., Xie, C., Guo , Z., Zhang, P., 2023. Do ambiente marinho ao ambiente de água doce: Uma revisão dos efeitos ecotoxicológicos dos microplásticos. Ecotoxicol Environ Safety 251, 114564.
Li, Y., Yang, G., Wang, J., Lu, L., Li, X., Zheng, Y., et al. (2021). MPs aumentam o
Liebezeit, G., Liebezeit, E., 2014. Partículas sintéticas como contaminantes em cervejas alemãs. Food Addit Contam Part A Chem Anal Control Expo Risk Assess. 31(9), 1574-1578.
Lin, W., Jiang, R., Hu, S., Xiao, X., Wu, J., Wei, S., Xiong, Y., Ouyang, G., 2019. Investigando as toxicidades de diferentes nanoplásticos de poliestireno funcionalizados em *Daphnia magna*. Ecotoxicol. Environ. Saf. 180, 509-516.
Lithner, D., Larsson, A., Dave, G., 2011. Classificação e avaliação dos perigos para o ambiente e a saúde dos polímeros plásticos com base na composição química. Sci Total Environ. 409(18), 3309-3324.
Liu, Y., Jia, X., Zhu, H., Zhang, Q., He, Y., Shen, Y., Xu, X., Li, J., 2022. Os efeitos da exposição a microplásticos na carpa capim (*Ctenopharyngodon idella*) nos níveis fisiológico, bioquímico e transcriptômico. Chemosphere, 286, 131831.
Liu, Z., Huang, Y., Jiao, Y., Chen, Q., Wu, D., Yu, P., Li, Y., Cai, M., Zhao, Y., 2020. O nanoplástico de poliestireno induz a produção de ROS e afecta o sistema antioxidante mediado por MAPK-HIF-1/NFkB em *Daphnia pulex*. Aquat. Toxicol. 220, 105420.
Liu, P., Liang , J., Yang , Y., Jiang, H., Tian, X., 2023. Effect of polylactic acid microplastics on soil properties, soil microbials and plant growth (Efeito dos microplásticos de ácido poliláctico nas propriedades do solo, nos micróbios do solo e no crescimento das plantas). Chemosphere, 329, 138504.
Loganathan, Y., Kizhakedathil, M., 2023. A Review on Microplastics. An Indelible Ubiquitous Pollutant. 13(2), 126. https://doi.org/10.33263/BRIAC132.126. Biointe. Rese. Appl. Chem. 13(2), 126.
Lu, Y., Zhang, Y., Deng, Y., Jiang, W., Zhao, Y., Geng, J., Ding, L., Ren, H., 2016. Absorção e acumulação de microplásticos de poliestireno em Zebrafish (*Danio rerio*) e efeitos tóxicos no fígado. Environ Sci Technol. 50(7), 40544060.
Luo, T., Wang , C., Pan, Z., Jin, C., Fu , Z., Jin, Y., 2019. A exposição materna ao microplástico de poliestireno durante a gestação e a lactação alterou a metabolicomeostase nas mães e em seus filhos F1 e F2. Environ Sci Technol. 53(18), 10978-10992.

Lusher, A., Hollman P., Mendoza-Hill, J., 2017. Microplásticos na pesca e na aquicultura: estado do conhecimento sobre a sua ocorrência e implicações para os organismos aquáticos e a segurança alimentar. Documento técnico da FAO sobre pescas e aquicultura, 615.

Lwanga, E., Gertsen, H., Gooren, H., Peters, P., Sal_anki, T., van der Ploeg, M., Geissen, V., 2017. Incorporação de microplásticos de lixo em tocas de Lumbricus terrestris. Environ Pollut. 220, 523-531.

*melastigma*) e a sua toxicidade transgeracional. J. Hazard. Mater. 127754.

Maass, S., Daphi, D., Lehmann, A., Rillig, M. C., 2017. Transporte de microplásticos por duas espécies de collembolan. Environ Poll. 225, 456-459.

Machado, D., Lau, A. A., Kloas, C. W., Bergmann, W., Bachelier, J., Faltin, J. B.,[1] et al. (2019). Os microplásticos podem alterar as propriedades e afetar o desempenho da planta. Environ. Sci. Technol. 53 (10), 6044-6052.

Mendes, D., de Carvalho, S., de Faria, R. H., A. F., de Sousa, B. M., 2015. Ingestão de lixo marinho por *Chelonia mydas* (Testudines: Cheloniidae) na costa brasileira. Mar. Pollut. Bull. 101(1), 746-749.

Mercogliano , R., Avio , C.G., Regoli , F., Anastasio , A., Colavita, G., Santonicola, S., 2020. Ocorrência de microplásticos em frutos do mar comerciais sob a perspetiva da cadeia alimentar humana. Uma revisão. J. Agric. Food Chem. 68, 19, 5296-5301.

Mu, X., Qi, S., Liu, J., Yuan, L., Huang, Y., Xue, J., et al., 2021. Toxicidade e resposta comportamental do peixe-zebra exposto a análogos combinados de microplástico e bisfenol. Environ. Chem. Lett. 1-8.

Nelms, S.E., Barnett, J., Brownlow, A., Davison, N.J., Deaville, R., Galloway, T.S., Lindeque, P.K., Santillo, D., Godley, B.J., 2019. Microplásticos em mamíferos marinhos encalhados na costa britânica: Ubíquo mas transitório? Sci. Rep. 9, 1075.

Ning, Q., Wang, D., An, J., Ding, Q., Huang, Z., Zou, Y., Wu, F., You, J., 2022. Efeitos combinados de poliestireno nanosizado e eritromicina no crescimento bacteriano e mutações de resistência em *Escherichia coli*. J. Hazard. Mater. 422, 126858.

Nizzetto, L., Futter, M., Langaas, S., 2016. Os solos agrícolas são lixeiras para microplásticos de origem urbana? Environ Sci. Technol. 50, 10777-10779.

Nogueira, D. J., Silva, A. C. D. O., Da Silva, M. L. N., Vicentini, D. S., Matias, W. G., 2022. Efeitos multigeracionais individuais e combinados induzidos por nanoplástico de poliestireno e glifosato em Daphnia magna (Strauss, 1820). Sci Total Environ. 811, 151360.

Ogonowski, M., Schur, C., Jarsen, A., e Gorokhova, E., 2016. Os efeitos das micropartículas naturais e antropogénicas na aptidão individual em *Daphnia magna*. PLoS ONE. 11, e155063.

Osman, A. I., Hosny, M., Eltaweil, A. S., Omar, S., Elgarahy, A. M., Farghali, M., Yap, P. S., Wu, Y.-S., Nagandran, S., Batumalaie, K., Gopinath, S. C. B., John, O. D., Sekar, M., Saikia, T., Karunanithi, P., Hatta, M. H. M., Akinyede, K. A., 2023. Fontes, formação, toxicidade e remediação de microplásticos: A review. Environ. Chem. Lett. 21(4), 2129-2169.

Qiu, X., Qi, Z., Ouyang, Z., Liu, P., Guo, X., 2022. Interações entre microplásticos e microorganismos no ambiente: Modos de ação e factores de influência. Gondwana Res 108, 102-119.

Pannetier, P., Morin, B., Le Bihanic, F., Dubreil, L., Clerandeau, C., Chouvellon, F., Arkel, K. M., Danion, M., Cachot, J., 2020. Amostras ambientais de microplásticos induzem efeitos tóxicos significativos em larvas de peixes. Environ. Int. 134, 105047.

Park, J.H , Hong, S., Kim, O. , Kim, C., Kim, J., Hong, J., Lee, H.J., 2023. Os microplásticos de polipropileno promovem caraterísticas metastáticas no cancro da mama humano. Sci. Rep. 13, 6252.

Paul, A., Isaac, K., 2023. Os riscos da poluição por microplásticos no eosistema aquático. https://www.researchgate.net/publication/366897794.

Pena, A., Rodnguez-Liebana, J.A., Delgado-Moreno, L., 2023. Interações de microplásticos com pesticidas nos solos e suas implicações ecotoxicológicas. Agronomia, 13(3), 701.

Pironti C., Ricciardi M., Motta O., Miele Y., Proto A, Montano L., 2021.
Microplásticos no ambiente: Intake through the food web, human exposure and toxicological effects. Toxics 9(9), 224.

Poma, A., Vecchiotti, G., Colafarina, S.,Zarivi, O., Aloisi, M., Arrizza, L., Chichiricco, G., Di Carlo, P., 2019. Genotoxicidade in vitro de nanopartículas de poliestireno na linha celular de fibroblastos humanos hs27. Nanomat. 9, 1299.

Pradit, S., Noppradit , P., Jitkaew, P., Sengloyluan, K., Yucharoen , M., Suwanno, P., Tanrattanakul, V., Sornplang, K., Nitiratsuwan, T., 2023. Acumulação de microplástico no peixe-gato e seus efeitos nos ovos de peixe da Lagoa Songkhla, Tailândia Siriporn. J. Mar Sci. Eng. 11(4), 723.

Prata, J. C., da Costa, J. P., Lopes, I., Duarte, A. C., Rocha-Santos, T., 2020. Exposição ambiental a MPs: Uma visão geral sobre possíveis efeitos na saúde humana. Sci. Total Environ. 702, 134455.

Prata, J.C., 2018. Microplásticos transportados pelo ar: Consequências para a saúde humana? Environ Pollut 234, 115-126.

Ragusa, A., Svelato, A., Santacroce, C., Catalano, P., Notarstefano, V., Carnevali, O., Papa, F., Rongioletti, M.C.A., Baiocco, F., Draghi, S., et al., 2021. Plasticenta: Primeira evidência de microplásticos na placenta humana. Environ. Int. 146, 106274.

Rai, M., Pant G., Pant K.,. Aloo, B.N., Kumar , G., Singh H.B., Tripathi, V., 2023. Poluição por microplásticos em ecossistemas terrestres e sua interação com outros poluentes do solo: Uma ameaça potencial à sustentabilidade do ecossistema do solo. Recursos 12, 67.

Rehse, S., Kloas, W., Zarfl, C., 2016 . A exposição a curto prazo a elevadas concentrações de partículas de microplástico pristinas leva à imobilização de Daphnia magna. Chemosphere. 153, 91-99.

Reisser, J., Slat, B., Noble, K., du Plessis, K., Epp, M., Proietti, M., Sonneville, J., Becker, T., Pattiaratch, C., 2014. A distribuição vertical de plásticos flutuantes no mar Biogeosci. Discuss. 11, 16207-16226.

Ren, X., Tang, J., Liu, X., Liu, Q., 2020. Efeitos dos microplásticos nas emissões de gases de efeito estufa e na comunidade microbiana em solo fertilizado. Environ. Poll. 256, 113347.

Riaz, S. Nazreen, Z., Burhana, S., Shafiquea, Alvib, S. A., Khanc, M. A., 2024. Avaliação de microplásticos em peixes do mar arábico: acumulação, caraterização e desenvolvimento de métodos Avaliacao de microplasticos em peixes do mar arabico: acumulacao, caracterizacao e desenvolvimento de metodos. Braz. J. Biol. 84 .

Rios-Fuster, B., Arechavala-Lopez, P., Garda-Marcos, K., Alomar, C., Compa, M., Alvarez, E., Julia, M. M., Marti, A. S., Sureda, A., Deudero, S., 2021. Evidência experimental de efeitos fisiológicos e comportamentais da ingestão de microplásticos *em Sparus aurata*. Aqua. Toxicol. 231, 105737.

Rivers-Auty, J., Bond , A.L., Grant, M.L., Lavers, J.L., 2023. The one-two punch of plastic exposure: Macro- and micro-plastics induce multi-organ damage in seabirds. J. Hazard Mater. 442, 130117.

Rochman, C., Hentschel, B.T., The, S.J., 2014. A sorção de metais a longo prazo é semelhante entre os tipos de plástico: implicações para os detritos de plástico em ambientes aquáticos. PLOS ONE. 9 (1), e85433.

Romeo, T., Pietro, B., Peda, C., Consoli, P., Andaloro, F., Fossi, M. C., 2015. Primeira prova da presença de detritos de plástico no estômago de grandes peixes pelágicos no Mar Mediterrâneo. Mar. Pollut. Bull. 95 (1), 358-361.

Rotchell, J.M., Jenner, L.C., Chapman, E., Bennett, R.T., Bolanle, I.O., Loubani, M., et al,, 2023. Deteção de microplásticos no tecido da veia safena humana usando LIFTIR: um estudo piloto. PLoS ONE 18(2), e0280594. https://doi.org/10.1371/journal.pone.0280594

Saido, K., Koizumi, K., Sato, H., Ogawa, N., Kwon, B.G., Chung, S. Y., Kusui, T., Nishimura, M., Kodera, Y., 2014. Novo método analítico para a determinação de oligómeros de estireno formados a partir da decomposição de poliestireno e sua aplicação nas costas do Oceano Pacífico Noroeste. Sci. Total Environ. 473, 490-495.

Santana, L. M. B. M., Rodrigues, A. C., Campos, D., Kaczerewska, O., Figueiredo, J., Silva, S., Sousa, I., Maia, F., Tedim, J., Abessa, D. M. S., Pousao-Ferreira, P., Candeias-Mendes, A., Soares, F., Castanho, S., Soares, A. M. V. M., Rocha, R. J. M., Gravato, C., Patricio Silva, A. L., Martins, R., 2022. A toxicidade de microplásticos de polietileno e nanocamadas projetadas em peixes chatos (*Solea senegalensis*) pode ser influenciada pela presença um do outro? Sci. Total Environ. 804, 150188.

Sazli, D., Nassouhi, D., Ergonul, B.M., Atasagun, S., 2023. Uma revisão abrangente sobre a poluição por microplásticos nos ecossistemas aquáticos e os seus efeitos na biota aquática. 38 (1), 12 - 46.

Schirinzi, G. F., Perez-Pomeda, I., SancHs, J., Rossini, C., Fane, M., Barcelo, D., 2017. Efeitos citotóxicos de nanomateriais e MPs comumente usados em células humanas cerebrais e epiteliais. Environ. Res. 159, 579-587.

Schur, C., Weil, C., Baum, M., Wallraff, J., Schreier, M., Oehlmann, J., Wagner, M., 2021. A incubação em águas residuais reduz os efeitos multigeracionais dos microplásticos em Daphnia magna. Environ. Sci. Technol. 55, 2491-2499.

Schwarzer, M., Brehm, J., Vollmer, M., Jasinski, J., Xu, C., Zainuddin, S., Frohlich, T., Schott, M., Greiner, A., Scheibel, T., Laforsch, C. , 2022. Efeitos dependentes da forma, tamanho e polímero dos microplásticos em *Daphnia magna*. J. Hazard. Mater. 426, 12813.

Schymanski, D., Goldbeck, C., Humpf, H. U., Furst, P., 2018. Análise de microplásticos por espetroscopia micro-Raman: libertação de partículas de plástico de diferentes embalagens em água mineral. Water Res. 129, 154-162.

Sharma S., Chatterjee S., 2017. Poluição por microplásticos, uma ameaça ao ecossistema marinho e à saúde humana: uma breve revisão. Environ Sci Poll Res. 24(27), doi:10.1007/s11356-017-9910-8.

Smith, M., Love, D. C., Rochman, C. M., Neff, R. A., 2018. MPs em frutos do mar e as implicações para a saúde humana. Curr. Environ. Health Rep. 5 (3), 375-386.

Solomando, A., Capo, X., Alomar, C., Compa, M., Valencia, J. M., Sureda, A., et al., 2021 . Avaliação do efeito da exposição a longo prazo a MPs e do período de depuração em *Sparus aurata Linnaeus*, 1758: Biomarcadores hepáticos e sanguíneos. Sci. Total Environ. 786, 147479.

Steinmetz, P., Wollmann, C., Schaefer , M, Buchmann , C., David , J., Troger, J., Munoz , K., Fror, O., Schaumann, G.E., 2016. Mulching de plástico na agricultura. Trocar

benefícios agronómicos a curto prazo por degradação do solo a longo prazo? Sci Total Environ. 550, 690-705.
Sun, M., Ye, M., Jiao, W., Feng, Y., Yu, P., Liu, M., Jiao, J., He, X., Liu, K., Zhao, Y., 2018. Alterações na partição de tetraciclina e ARGs mediados por bactérias / fagos em solo de estufa contaminado com microplástico facilitado por sophorolipid. J Hazard Mater. 345, 131-139.
Sun, X.M., Wang, T., Chen, B.J., Booth, A.M., Liu, S.F., Wang, R.Y., Zhu, L., Zhao, X.G., Qu, K.M., Xia, B., 2021. Fatores que influenciam a ocorrência e distribuição de microplásticos em sedimentos costeiros: da fonte ao sumidouro. J. Hazard. Mater. 410,
Svetlichny, L., Isinibilir, M., Mykitchak, T., Ervalcin, K. M., Turkeri, E. E., Yuksel, E., Kideys, A. E., 2021. Consumo de microplástico e resposta fisiológica em *Acartia clausi* e *Centropages typicus*: Possíveis papéis dos mecanismos de alimentação. Reg. Stud. Mar. Sci. 43, 101650.
Tanaka, K., Takada, H., Yamashita, R., Mizukawa, K., Fukuwaka, M., Watanuki, Y., 2013. Acumulação de produtos químicos derivados de plástico em tecidos de aves marinhas que ingerem plásticos marinhos. Mar. Pollut Bul. 69, 219-222.
Tavakolpournegari, A., Annangi, B., Villacorta, A., Banaei G., Martin, J., Pastor, S., Ricard Marcos, R., Hernandez, A., 2023. Avaliação do risco de nanoplásticos de poliestireno de diferentes tamanhos em linhas de células humanas hematopoiéticas Chemosphere, 325, 138360.
Taylor, M. L., Gwinnett, C., Robinson, L. F., Woodall, L. C., 2016. Ingestão de microfibras de plástico por organismos de profundidade. Sci. Rep. 6, 33997.
Tongo, I., Erhunmwunse, N. O., 2022. Efeitos da ingestão de microplásticos de polietileno na taxa de sobrevivência, taxa de respiração opercular e desempenho de natação do peixe-gato africano (*Clarias gariepinus*). J. Ha. Mater. 423, 127237.
Ugwu K., Herrera, A., Gomez, M., 2021. Microplásticos na biota marinha: uma revisão. Mar Pollut. Bull. 169, 112540.
Urli, S., Pause, F C., Crociati, M., Baufeld, A., Monaci, M., Stradaioli, G., 2023. Impacto dos microplásticos e nanoplásticos na saúde do gado: Um risco emergente para a eficiência reprodutiva. Animals (Basileia). 13(7), 1132.
van Franeker, J. A., Blaize, C., Danielsen, J., Fairclough, K., Gollan, J., Guse, N., et al., 2011. Monitorização da ingestão de plástico pelo fulmar do Norte Fulmarus glacialis no Mar do Norte. Environ Pollut. 159(10), 2609-2615.
von Moos, N., Burkhardt-Holm, P., Kohler, A., 2012. Absorção e efeitos dos microplásticos nas células e tecidos do mexilhão azul *Mytillus edilus* L. após exposição experimental. Environ Sci Technol. 46(20), 11327-11335.
Walkinshaw, C., Tolhurst, T. J., Lindeque, P. K., Thompson, R. C., Cole, M., 2023. Impacto de microfibras de poliéster e algodão no crescimento e biomarcadores subletais em mexilhões juvenis. Microplastics and Nanoplastics 3(5). https://doi.org/10.1186/s43591-023-00052-8.
Wang, Q., Zhang, Y., Zhang, Y., Liu, Z., Wang, J., Chen, H., 2022 Efeitos do biofilme no comportamento de adsorção de metais e na comunidade microbiana de microplásticos. J. Hazard. Mater. 424 (Parte A), 127340.
Wang, X., Zhang, S., Zhang, S., Zhang, Y., Sun., 2020. Interações de microplásticos e cádmio no crescimento de plantas e comunidades de fungos micorrízicos arbusculares em um solo agrícola Chemosphere, 254 (2020),
Wick, P., Malek, A., Manser, P., Meili, D., Maeder-Althaus, X., Diener, L., Diener, P.A.,

Zisch, A., Krug, H.F., Von Mandach, U., 2010. Capacidade de barreira da placenta humana para materiais nanosizados. Environ. Health Perspect. 118, 432436.
Woods, M. N., Hong, T. J., Baughman, D., Andrews, G., Fields, D. M., Matrai, P. A., 2020. Acumulação e efeitos de fibras microplásticas em larvas de lagosta americana (*Homarus americanus*). Mar Pollut. Bull. 157, 111280.
Wright, S. L., Kelly, F. J., 2017. Plástico e saúde humana: uma questão micro? Environ. Sci. Technol. 51 (12), 6634-6647.
Xu Z., Yu, G., Lv f, Y., Chen, X., Fu, L., Wang, Y., 2022. Os efeitos tóxicos dos microplásticos nas plantas dependem mais dos seus grupos funcionais de superfície do que apenas dos conteúdos de acumulação Sci.Total Environ. 833, 155097.
Y in, C., Yang, X., Zhao, T., Watson, P., Yang, F., e Liu, H., 2020. Alterações da toxicidade aguda e crónica de três agentes antimicrobianos para Daphnia magna na presença/ausência de micro-poliestireno. Environ. Pollut. 263, 114551.
Y ong, C.Q.Y., Valiyaveettil, S., Tang, B.L., 2020. Toxicidade de microplásticos e nanoplásticos em sistemas de mamíferos. Int. J. Environ. Res. Saúde Pública. 17, 1509.
Y u, A. J. G., YapDejetol, L. G., Parilla, R. B., Elizaga, N. B., 2023. Microplásticos em espécies de *Perna viridis* e *Venerupis*: avaliação e impactos da poluição plástica. Int. J. Environ. Sci.Technol. 21, 675-686.
Yu, L., Zhang, J., Liu, Y., Chen, L., Tao, S., e Liu, W., 2021. Caraterísticas de distribuição de microplásticos em solos agrícolas da maior base de produção de vegetais da China. Sci. Total Environ. 756, 143860.
Zantis, L.J., Borchi, C., Martina, G., Vijver , Peijnenburg,W., Lonardo, S.D. Bosker, T., 2023. Os nano e microplásticos causam normalmente impactos adversos nas plantas a níveis ambientalmente relevantes: Uma revisão sistemática. Sci. Total Environ. 867, 161211.
Zha, Y., Li, Z., Zhong, Z., Ruan, Y., Sun, L., Zuo, F., Li, L., Hou, S., 2022. Aumento dependente do tamanho na transferência conjugativa de genes de resistência a antibióticos por micro nanoplásticos. J. Hazard. Mater. 431, 128561.
Zhang Y., Wang D., Yin K., Zhao H., Lu H., Meng X., Hou L., Li J., Xing M., 2022. A via autofágica controlada pelo estresse do retículo endoplasmático promove a displasia miocárdica induzida por microplásticos de poliestireno em aves. Environ. Pollut. 311, 119963.
Zhang, J.Q., Gao, D.L., Li, Q.H., Zhao, Y.X., Li, L., Lin, H.F., Bi, Q.R., Zhao, Y.C., 2020. Biodegradação de partículas de microplástico de polietileno pelo fungo *Aspergillus flavus* das entranhas da mariposa de cera *Galleria mellonella*. Sci. Total Environ. 704, 135931.
Zhang, S., Wu, H., Hou, J., 2023. Progresso sobre os efeitos dos microplásticos em crustáceos aquáticos: A Review. Int. J. Mol. Sci. 24, 5523.
Zhang, X., Wen, K., Ding, D., Liu, J., Lei, Z., Chen, X., et al. 2021., Efeitos adversos dependentes do tamanho dos MPs na microbiota intestinal e na homeostase metabólica em a Medaka marinha (*Oryzias melastigma*). Environ. Int. 151, 106452.
Zhao, T., Shen , L., Ye, X., Bai, G., Liao, C., Chen, Z., Peng, T., Li, X., Kang , X., An, G., 2023. A exposição pré-natal e pós-natal a microplásticos de poliestireno induz uma perturbação do desenvolvimento dos testículos e afecta a fertilidade masculina em ratos. J. Hazard. Mater. 445, 130544.
Zhao, Y., Qin, Z., Huang, Z., Bao, Z., Luo, T., Jin, Y., 2021. Efeitos dos MPs de polietileno no microbioma e no metabolismo em larvas de peixe-zebra. Environ. Pollut. 282, 117039.
Zhu, D., Chen, Q. L., An, X. L., Yang, X. R., Christie, P., Ke, X., Zhu, Y. G., 2018. A

exposição de collembolans do solo a microplásticos perturba sua microbiota intestinal e altera sua composição isotópica. Soil Biol Biochem. 116, 302-310.

CAPÍTULO 6

# ATENUAÇÃO DOS MISROPLÁSTICOS NO MEIO MARINHO

**Por**

**Dr. Eman H. Zaghloul**

## Prefácio

Este capítulo tem como objetivo descrever a introdução, a geração e as fontes de MPs, juntamente com um mecanismo para explicar a sua presença. Além disso, este capítulo introduz o conceito de estratégia de redução na fonte, em que são discutidas abordagens abrangentes, como a reciclagem, a deposição em aterro, a incineração e os métodos de tratamento. São também incluídas direcções futuras que identificam a necessidade de mais estudos analíticos e implicações para as partes interessadas, a indústria e as implicações da política ambiental, e é fornecida uma perspetiva global sobre a atenuação dos MP no ambiente marinho

### 1. Uma visão geral da poluição por microplásticos

A atual taxa de poluição por plásticos nos oceanos está a aumentar rapidamente e a prejudicar o ambiente marinho. Os plásticos decompõem-se através de processos físicos, químicos e biológicos que resultam na formação de partículas poliméricas muito finas, designadas por MP. Estas MP são motivo de preocupação devido à sua pequena dimensão, abundância, composição química, exposição constante e efeitos secundários na fauna e na flora marinhas. Os dados científicos e estatísticos provisórios sugerem que a poluição por MP aumentará de ano para ano a um ritmo alarmante, a menos que se iniciem rapidamente acções científicas e estratégicas coordenadas. Para além de compreender as fontes, a exposição e os efeitos dos MP, há um interesse crescente em estratégias de remediação que possam reduzir a entrada de MP nos oceanos globais (Tang et al., 2021).

Os impactos negativos da poluição por plásticos e, em particular, dos MP no ambiente marinho foram bem documentados nos últimos quinze anos. Calcula-se que, a nível mundial, os seres humanos produzam mais de 300 milhões de toneladas de plástico por ano, 30% das quais são utilizadas apenas uma vez antes de chegarem ao ambiente. O lixo plástico, incluindo os detritos maiores e os MP, é um poluente omnipresente em todos os habitats marinhos e em 46% das massas de água doce do mundo. Mais diretamente nocivas do que os grandes pedaços de plástico, sabe-se agora que as partículas de MP se distribuem pelos ecossistemas globais e podem afetar muitos organismos. Apesar da consciência generalizada destes impactos negativos e da mudança de atitudes em relação aos plásticos de utilização única, um futuro mais sustentável sem MP requer o desenvolvimento de tecnologias de mitigação viáveis em grande escala (Omoyajowo et al., 2022; Borriello et al., 2023).

A poluição por MP tem chamado a atenção do público na última década, à medida que os métodos de amostragem e quantificação têm sido desenvolvidos e aperfeiçoados. Embora a avaliação de Justice sobre a contaminação por microdetritos do giro subtropical do Atlântico Norte, em 1972, tenha sido a primeira a comunicar a poluição por MP, grande parte da ciência ambiental dos salões foi iniciada com um livro de 2011 sobre a "Crise global da poluição por plásticos". Nos anos que se seguiram, muitas organizações internacionais, iniciativas e até proibições de plásticos de utilização única chamaram a atenção do público para a poluição por plásticos nos oceanos do mundo. Isto facilitou um rápido progresso na taxa de ciência cidadã marinha dos MPs, que, em paralelo com estudos mais específicos, está a gerar uma compreensão cada vez mais abrangente da sua distribuição, impacto e potenciais soluções

(Gomez, 2021).
Estudos recentes mostram que a atenção aos MPs ultrapassou o público em geral e inspirou a ciência e outros investigadores sobre MPs, aumentando o interesse nesta área para combater a poluição por MPs desde a redução da fonte até à solução de tratamento. Este capítulo tem como objetivo descrever a introdução, geração e fontes de MPs, juntamente com um mecanismo para explicar a sua presença. Além disso, este capítulo introduz o conceito de estratégia de redução na fonte, em que são discutidas abordagens abrangentes como a reciclagem, a deposição em aterro, a incineração e os métodos de tratamento. São também incluídas direcções futuras que identificam a necessidade de mais estudos analíticos e implicações para as partes interessadas, a indústria e as implicações da política ambiental, e é fornecida uma perspetiva global sobre a atenuação dos MP no ambiente marinho (Omoyajowo et al., 2022).

## 2. Fontes e tipos de deputados

Os MP são fragmentos e partículas de plástico com menos de cinco milímetros de dimensão. Os artigos de plástico de grandes dimensões estão a ser foto-degradados e fragmentados em pedaços mais pequenos devido à exposição prolongada ao sol e à ação das ondas. Quando o plástico tem um tamanho microscópico, pode ser designado por "MP". As MP podem ser classificadas em MP primárias e secundárias. As MP primárias são os plásticos de tamanho mini a micro fabricados intencionalmente para serem de tamanho micro, como as pérolas esfoliantes em cosméticos e produtos de higiene pessoal. Os MPs secundários, em contraste, são degradados a partir de itens de plástico de tamanho maior no ambiente (Shi et al., 2023).
Várias caraterísticas tornam as MP não biodegradáveis e omnipresentes em ambientes naturais. Algumas MP podem flutuar à medida que o seu ponto de fusão diminui durante o fabrico, mas são agora flutuantes. A capacidade de flutuação e a forma das MP primárias podem ser classificadas em quatro grupos. As fibras e os fragmentos são as MP primárias mais documentadas que flutuam sobre a superfície do mar. As MP densas são mais susceptíveis de se afundar do que de flutuar e de entrar na coluna de água e nos sedimentos. A densidade de MPs artificiais e naturais flutuantes é comprovadamente comparável. Assim, é um desafio, mas crucial, remover as MPs da superfície do oceano (Carlsson et al., 2021).
Em resumo, os MPs integrados na água flutuam principalmente na superfície do mar e existem em quase todos os ambientes aquáticos, como oceanos, rios e lagos. Os MPs também foram encontrados no Mar Ártico e nos ursos polares. Além disso, as fibras e os fragmentos de plástico foram encontrados no fundo do mar da Fossa das Marianas, uma fossa no Oceano Pacífico Ocidental.

### *2.1. Fontes primárias*

A compreensão das origens fundamentais de uma fonte de contaminante é crucial para o desenvolvimento de estratégias de atenuação no terreno. Isto é especialmente verdadeiro no caso dos MP, uma vez que a fonte direta de MP é uma entrada antropogénica primária no ambiente marinho. Os MP foram principalmente decompostos a partir de artigos de plástico de maiores dimensões a partir de vários pontos de recolha, como a produção de processos industriais concebidos para decompor artigos de plástico de maiores dimensões, com contaminantes secundários provenientes da degradação de artigos de plástico de maiores dimensões através de vários processos ambientais. O principal ponto de origem dos MP é o fabrico e o consumo de produtos que contêm materiais plásticos, abrangendo múltiplas entradas possíveis de MP, desde microesferas de cosméticos localizadas até derrames de pellets de plástico na indústria.

Os MP primários são literalmente "misturados" nas fórmulas dos produtos, o que resulta diretamente em contaminação ambiental devido à utilização regular destes artigos e à geração de poeiras antes da utilização do produto. As fontes de MP transportadas pelo ar são mais nocivas para a saúde humana porque são mais susceptíveis de serem inaladas devido ao seu tamanho típico de partículas. Os polímeros plásticos, como o cloreto de polivinilo (PVC), o tereftalato de polietileno (PET) e o poliéster, são os constituintes predominantes das tubagens, dos dispositivos conectados e do vestuário, sendo objeto de vários estudos (Wang et al., 2021).

### 2.2. *Fontes secundárias*

A investigação sobre MP centra-se em duas vias, fontes primárias: (1) entradas diretas, tais como produtos de limpeza e cosméticos que contêm quantidades consideráveis de partículas de MP, e (2) partículas antropogénicas e naturalmente intemperizadas (fragmentos, fibras, pellets) de resíduos macro e megaplásticos (os polímeros biodegradáveis ou alagados, tais como sacos de plástico ou garrafas de plástico, também podem ser contados entre eles). A fonte secundária considerada na literatura é a degradação de macro e megaplásticos, que, devido a influências abióticas (fotooxidação, mudança de temperatura, abrasão mecânica e radiação UV), se desintegram em partículas de tamanho micro. Devido ao facto de a degradação ser relativamente lenta (até décadas a séculos), a entrada destas partículas produzidas secundariamente seria esperada em intervalos de tempo aleatórios (Talukdar et al., 2024).

## 3. Transporte e dispersão de MPs no habitat marinho

Quando os MP entram no oceano, são submetidos a processos de transporte físico e a transformações biológicas que afectam o transporte e o destino destas partículas. Os processos de transporte físico que afectam os detritos plásticos marinhos são numerosos, incluindo o transporte vertical e horizontal induzido pelo vento, as correntes oceânicas, as forças de Coriolis, entre outros, frequentemente designados coletivamente por giros marinhos (referindo-se aos materiais transportados pelas correntes oceânicas) ou manchas de lixo. Estes processos concentram e transportam coletivamente os MP para locais remotos no oceano aberto. Uma vez nestas regiões de oceano aberto, estas mesmas forças empurram estes MPs para espirais lentas, onde se acumulam em grande número. Vários organismos marinhos ingerem plásticos e incorporam-nos nas suas teias alimentares. Embora estas regiões de oceano aberto recebam e recolham grandes quantidades de MPs de todo o mundo oceânico, não são os locais de repouso final dos MPs (Li et al., 2020).

Surpreendentemente, o oceano não é o fim da viagem para os MPs; eles ainda podem mover-se e viajar para mares polares cobertos de gelo. Apesar de o gelo marinho ser um filtro de partículas bastante eficaz, continua a permitir o aprisionamento de MPs no gelo marinho e o seu transporte contínuo para as regiões polares, onde, eventualmente, o gelo derrete e as liberta de novo nas águas. Uma vez lá, estes MPs estão livres nestes ambientes ou, mais uma vez, tiram partido dos processos de transporte físico acima referidos. Do ponto de vista físico, quando atingem a superfície da água, estas MP podem prolongar a sua permanência na microcamada superficial do mar antes de serem eventualmente transportadas de volta para a coluna de água, arrastadas para a costa ou sopradas para o interior. Estas alternâncias entre o transporte na superfície do mar e o afundamento e ressuspensão na coluna de água devem-se a uma combinação da mistura induzida pelo vento das águas superficiais do mar e da advecção pelas correntes oceânicas (Chen et al., 2024).

### *3.1. Processos físicos*

Os mecanismos físicos subjacentes ao transporte e distribuição dos MP à escala da praia e no mar são ainda pouco conhecidos. Grosso modo, podem ser classificados em três categorias. Em primeiro lugar, a advecção com padrões de vento e precipitação pode transportar partículas suspensas na atmosfera para o meio aquático. Assim, este processo permitiria a introdução de MPs atmosféricos na hidrosfera. Além disso, a dinâmica das ondas, as correntes e as marés podem influenciar fortemente as concentrações locais de MP flutuantes e submersas. Os MP podem acabar diretamente no meio aquático e ser transportados para esse meio depois de chegarem à costa. A sua advecção no mar e a distribuição induzida pela hidrodinâmica conduziriam a concentrações variáveis tanto nas ondas como na coluna de água devido à agregação e posterior sedimentação. Naturalmente, o principal mecanismo de transporte de MPs no mar são as correntes oceânicas. O transporte vertical deve-se principalmente à ação simultânea da ressurgência, dos ventos e, em certa medida, também das ondas de gravidade. Mais de 80% do plástico presente nas águas da região oceânica subtropical é flutuante, uma vez que uma percentagem significativa é positivamente flutuante (Rynek et al., 2024).

### *3.2. Processos biológicos*

A natureza dinâmica destes processos reflecte-se no facto de o início da colonização microbiana poder ter lugar já na coluna de água, onde os MP podem acumular biofilmes na sua superfície que lhes proporcionam uma fonte de alimento e um potencial ambiente de colonização. Uma vez instalados no ambiente, os microrganismos e organismos de níveis tróficos superiores, como a infauna e a meiofauna entre os sedimentos e o bentos, podem criar biofilmes na superfície das MP ou colonizar diretamente as partículas. Pensa-se que os biofilmes de MP e os organismos incorporados afectam os processos biológicos de duas formas principais: podem facilitar a biodegradação do material associado às PM e fornecer uma fonte de alimento através de decompositores microbianos e herbívoros. Vários estudos referem também a ingestão e o crescimento de MP em várias espécies, incluindo peixes-palhaço, ostras, mexilhões de viveiro e vermes. Dado que muitos destes interagentes plásticos se encontram na base das redes alimentares marinhas, podem facilitar a transferência de MP nos ecossistemas marinhos através do processo de bioacumulação e biomagnificação. A transferência de MP entre espécies significa que as fibras podem atingir níveis no topo da teia alimentar marinha em espécies nas quais os humanos se alimentam (Pete et al., 2022).

Os microrganismos e as espécies de crustáceos de nível inferior, como os anfípodes e o zooplâncton, também são capazes de excretar os MP ingeridos, contribuindo ainda mais para a dispersão do plástico marinho. Uma outra interação que pode aumentar a dimensão da carga de MP no ambiente é a filtração mediada por predadores. Isto ocorre quando os predadores que ingerem espécies de base MP também consomem o plástico, passando assim os MPs mais para cima na teia alimentar (Lehel e Murphy, 2021).

## 4. Efeitos dos MPs nos ecossistemas marinhos

Os MP são produzidos através da fragmentação de detritos plásticos maiores e são utilizados em vários produtos de consumo, como pastas de dentes e cosméticos, em resultado de regulamentos internacionais inconsistentes. Também são gerados através do escoamento da agricultura e até da deposição atmosférica. Dado que a taxa de produção global de plástico excede os 300 milhões de toneladas por ano, a gestão dos MP parece ser uma abordagem mais pragmática do que o conceito de remoção do plástico, que pode ser demasiado pouco e demasiado tarde. Os MP foram encontrados em todos os ambientes marinhos. As espécies consumidoras, com os seus finos conjuntos de organelos, tornar-se-ão o local de acumulação de MP nas teias marinhas predador-presa. Estudos laboratoriais e de campo examinaram muitos dos impactos diretos e sub-letais dos MPs em todos os taxa de animais marinhos, incluindo o comportamento, a reprodução, a imunidade e o crescimento. No entanto, os impactos a longo prazo dos processos bióticos naturais, como o consumo por animais marinhos e a meteorização ambiental, na composição e nas caraterísticas dos MP só são parcialmente conhecidos. Os factores de bioacumulação (BAF) registados para as espécies de animais marinhos variam, com poucos padrões coerentes e sem efeitos concomitantes graves a nível da população (Yuan et al., 2022).

Nomeadamente, os efeitos indirectos dos plásticos podem prejudicar a produção alimentar de animais marinhos colhidos, como os moluscos, para a indústria das pérolas cultivadas. O desenvolvimento de indústrias extractivas marinhas comerciais, tanto para a pesca como para o turismo, está em risco quando a claridade da água desce abaixo de um metro, uma vez que pode afetar a sobrepesca de herbívoros fundamentais. Os estudos comportamentais dos peixes demonstram que o comportamento de reflexo olfativo aguçado está estreitamente co-evoluído com a presença de predadores oportunistas. Os ambientes dos recifes de coral dependem de corais calcificantes dependentes da luz, que funcionam de forma semelhante às assembleias de carnívoros quimiossintéticos de profundidade. Foi demonstrado que o comportamento dos peixes e a função ecológica se alteram completamente em condições de baixa luminosidade. As taxas de entrada de resíduos plásticos em todos os sistemas biológicos estão a aumentar. A forte exposição a MPs nas zonas intertidais perturba ainda mais os padrões estabelecidos, com um aumento da cobertura da erva invasora dos pântanos salgados, Spartina patens, estimulando a sua vulnerabilidade a condições meteorológicas extremas (Li et al., 2021).

### *4.1. Efeitos diretos*

Os efeitos diretos dos MP no meio marinho são os que influenciam os organismos e os ecossistemas imediatamente expostos aos MP. Esses efeitos das MP envolvem danos físicos, alterando o fluxo vascular dos organismos bentónicos e conferindo a alguns organismos uma flutuabilidade superior à normal, bem como impactos mais subtis a nível celular e mesmo molecular. Os efeitos mais diretos das PM frequentemente associados às PM são os impactos físicos e químicos dos próprios materiais. Isto pode ocorrer quando os organismos os consomem, confundindo-os com presas, e as arestas afiadas dos fragmentos partidos podem causar danos físicos internos. Para além dos impactos físicos, muitos polímeros têm também o potencial de lixiviar substâncias químicas (Persiani et al., 2023).

No entanto, a perturbação da nutrição é apenas uma parte das consequências do consumo de plástico. A motivação de um organismo individual para selecionar determinados recursos em detrimento de outros também pode mudar. A ingestão de plástico parece alterar a preferência de alguns organismos marinhos e de água doce por fontes de alimento convencionais. Isto pode depender do modo de alimentação, da seletividade da dieta e do papel único da presa na dieta. No entanto, é difícil generalizar os efeitos comportamentais dos MPs para discriminar entre a "ilusão" de comer durante os ensaios de alimentação e as ilusões tácteis ou visuais associadas às fontes de alimento. Por exemplo, os peixes demonstraram taxas de alimentação reduzidas na presença de esferas de poliestireno avaliadas numa base de volume relativo em relação aos controlos de bolas de matzo (10 por cento de esferas em relação ao controlo) (Benson et al., 2022).

### *4.2. Efeitos indirectos*

É de esperar que o principal efeito prejudicial dos MP, a ingestão direta, tenha provavelmente os efeitos mais diretos e facilmente observáveis. No entanto, o fim intencional de remover o plástico antes da ingestão diminui o seu impacto direto. Os impactos indirectos da poluição por MP são muito especulativos e, na sua maior parte, dependem provavelmente de considerações ambientais locais. A consequência agravante de um assentamento falhado de alguns dos "flotsam" artificiais apresenta habitats transitórios em ambientes enriquecidos pelas ondas em zonas costeiras e de plataforma, biologicamente uniformizados pelo habitat imposto. Estes episódios de persistência múltipla ou a longo prazo tornam-se um risco quando as "teias alimentares" em causa são caracterizadas por taxas de rotação rápidas de espécies-chave sensíveis, devido à possibilidade de danos a longo prazo. As linhas de costa contaminadas são o ponto de chegada natural dos resíduos transportados para a costa a partir do oceano aberto (Gola et al., 2021).

Existe um conjunto de preocupações teóricas relativamente ao funcionamento provável dos ecossistemas aquáticos num mundo rico em pequenas partículas de plástico que operam a uma escala bastante menor e em condições algo diferentes. As culturas de nutrientes em sistemas aquáticos podem absorver partículas em suspensão (por exemplo, alimentadores filtrantes) ou bactérias ou algas livremente suspensas na água em que a cultura alimentar se encontra, ou podem ser detritívoras, sendo os detritos de matéria orgânica decompostos e geralmente reduzidos em tamanho por organismos decompositores antes de serem consumidos. Se os MP perturbarem a sedimentação de material "biologicamente disponível", causarão inevitavelmente outras alterações na cadeia alimentar ou nos ciclos de nutrientes. É difícil destilar o peso total da potencial exposição indireta dos organismos marinhos aos MP. Os organismos de nível trófico inferior têm muito mais probabilidades de serem expostos aos MP através da sua alimentação, e qualquer transferência trófica indireta subsequente para outros animais será quantitativamente menor do que seria o caso se todos os MP fossem transmissíveis. Se os organismos que migram por filtração "purgarem" o seu intestino, a transferência trófica poderá ser maior (Kumar et al., 2021).

## 5. Técnicas actuais de monitorização e avaliação

A monitorização e a avaliação da contaminação por MP em compartimentos ambientais é um pré-requisito essencial para enfrentar os riscos associados a este poluente ambiental generalizado. No ambiente marinho, as duas últimas décadas foram marcadas pelo desenvolvimento de várias técnicas de amostragem e análise para investigar a poluição por MP em diversas matrizes ambientais. Tanto os métodos de amostragem in-situ (por exemplo, redes de arrasto, redes e dispositivos de filtragem) como ex-situ (por exemplo, armadilhas para agarrar, corer e sedimentos) têm sido utilizados com sucesso para a recolha de MPs de diversos compartimentos marinhos, tais como a coluna de água, sedimentos e biota. As amostras recolhidas são depois normalmente selecionadas, lavadas e purificadas para remover contaminantes (por exemplo, biota, lama e sais) antes da análise da fração de MP (Belioka e Achilias, 2023).

Foram desenvolvidas várias técnicas analíticas para determinar a concentração e as caraterísticas dos MP nas amostras recolhidas, destinadas principalmente a identificar partículas de MP em matrizes naturais e a obter dados relativos ao tamanho, forma, cor, densidade, tipo de polímero e grau de meteorização ou degradação. As técnicas baseadas no microscópio (por exemplo, estereomicroscópio, microscópio de luz, microscópio eletrónico de varrimento, microespectroscopia de infravermelhos com transformada de Fourier) são normalmente utilizadas para investigar partículas de MP recolhidas em estudos de campo e para descrever as suas caraterísticas físico-químicas. Os métodos e técnicas analíticos baseados na análise térmica (por exemplo, análise termogravimétrica) são utilizados para avaliar os polímeros e qualquer outro material que possa ser resolvido termicamente (Kida et al., 2023).

### *5.1. Métodos de amostragem*

A amostragem MP pode ser efectuada através de várias metodologias. A abordagem mais comum é a recolha de amostras de águas superficiais com modelos bem estabelecidos, como a rede de arrasto de manta (58 iim) ou redes de neuston, incluindo opções mais económicas (por exemplo, rede de neuston para bebés), mas a utilização de tais redes de arrasto pode conduzir a uma representação excessiva ou insuficiente de determinadas partículas, se estas forem adequadas e propensas a serem retidas pela rede de arrasto. Os amostradores passivos envolvem uma filtração de maior volume através de uma malha ou membrana a uma taxa e duração consistentes, mas estes métodos devem também ter em conta vários factores ambientais na forma como estimam os MP. A utilização de redes de plâncton e de armadilhas para sedimentos também foi recentemente investigada, embora a eficiência destes métodos ainda esteja a ser analisada. Todos estes amostradores têm capacidades específicas para se concentrarem nas camadas neustónicas (superficiais) (Razeghi et al., 2021).

Quer se trate de uma amostragem à superfície, sub-superfície, no fundo, ou em ambientes de algas/reefes e fiordes, o local de amostragem deve ser claramente definido com coordenadas registadas através de GPS por satélite. O amostrador deve estar posicionado ou submerso durante algum tempo, dependendo dos objectivos, embora os MP em ambientes marinhos pouco profundos tenham padrões circadianos distintos. A amostragem de MP no terreno tornou-se uma operação global realizada principalmente por agências estatais, universidades prestigiadas, institutos científicos, grupos comunitários, organizações ambientais e sem fins lucrativos e entidades privadas. No que diz respeito à monitorização ecológica utilizando macroinvertebrados bentónicos como bioindicadores, a amostragem simultânea de pisos, tais como recifes rochosos ou quadrats de pontos de contacto e areia, aquando da implantação e recuperação de amostradores passivos pode fornecer informações únicas sobre a associação de MPs presentes entre a fauna bentónica e o depósito de fibras (Brander et al., 2020).

### *5.2. Técnicas analíticas*

Normalmente, o primeiro método de identificação das MP baseia-se na deteção visual da partícula utilizando um microscópio, um estereomicroscópio, uma lupa ou mesmo a olho nu. Uma vez no laboratório, uma análise utilizando um estereomicroscópio assegura um primeiro levantamento rápido. Provavelmente, este método apresenta lacunas importantes, uma vez que não é discriminativo entre os materiais encontrados nas amostras. As observações microscópicas permitem determinar o tamanho, a distribuição do tamanho, a forma, a porosidade, a rugosidade da superfície e a natureza química das MP. As técnicas mais comuns utilizadas atualmente para identificar a composição química das MP são as espectroscopias Raman e FTIR. Podem também ser utilizados outros métodos espectroscópicos para a identificação de materiais, como a espetroscopia de raios X (EDX), a pirólise-GC-MS, a espetroscopia de massa (MS) ou a ressonância magnética nuclear (RMN). A MEV associada à EDX é amplamente utilizada para verificar a composição química em amostras de MP, depois de as caraterísticas de tamanho, forma e cor serem utilizadas para identificar potenciais MP (Kendel e Zimmermann, 2020).

Atualmente, estão disponíveis vários métodos normalizados para a análise de MP em matrizes ambientais controladas (por exemplo, água do mar e sedimentos marinhos). A espetroscopia (FTIR, Raman, Py-GC-MS), a microscopia (microscopia eletrónica de varrimento secundária e retrodifundida, microscópio ótico), o mapeamento quantitativo baseado em massa (Análise Elementar de Isótopos) e outros métodos científicos (por exemplo, análise gravimétrica térmica) são essenciais para a identificação e análise de MP numa amostra marinha. Na literatura, estes tópicos são discutidos e, recentemente, também tem havido interesse em avaliar novas técnicas analíticas que não requerem uma extração e/ou isolamento direto de MPs (Dierkes et al., 2021).

## 6. Quadros regulamentares e políticas

Existem quadros jurídicos e políticos destinados a controlar e prevenir a poluição por MP no meio marinho. Seis convenções internacionais que controlam a eliminação de resíduos no meio marinho regulam igualmente as entradas de MP nos oceanos do mundo. São igualmente mencionados alguns tratados internacionais com um âmbito de aplicação diferente ou um impacto indireto na redução das entradas de MP. A partir de 2019, nenhum tratado internacional vinculativo sobre os produtos fitofarmacêuticos fixou objectivos de redução quantitativa. No entanto, vários SCPs indicam que a avaliação do "estado da arte" demonstrou a necessidade de desenvolver e/ou atualizar regulamentos nacionais e melhorar os sistemas nacionais de gestão de resíduos para padronizar e harmonizar a proteção ambiental (Gago et al., 2022).

As diretrizes e as melhores práticas relativas ao lixo marinho MP incluem diferentes quadros regulamentares a nível mundial, regional e nacional que afectam as entradas de água MP, definem o controlo da poluição marinha e gerem o lixo plástico. Podem ter um impacto indireto na libertação, descarga ou eliminação de lixo plástico, incluindo MP, nos oceanos e mares do mundo. A nível mundial, sete convenções controlam as descargas de resíduos sólidos e de águas de esgoto no meio marinho. Seis delas, que controlam a eliminação de resíduos ou o derrame de navios, são aplicadas pela Organização Marítima Internacional (OMI); são elas a MARPOL 73/78; a Prevenção da Poluição Marinha causada por Operações de Imersão de Resíduos e Outros Materiais (LDC), de 1972, como uma das "iniciativas das Nações Unidas para proteger o ambiente marinho (2019); a Convenção de Londres, de 1972, e o Protocolo de Londres, de 1996.

O Serviço de Informação sobre o Lixo Marinho (2015) apenas faz referência à Convenção de Estocolmo porque os outros instrumentos posteriores não estavam em vigor na altura. Em dezembro de 2018, quatro protocolos e acordos pertinentes das Convenções dos Mares Regionais (RSC) de Abidjan, Barcelona, Cartagena e Kuwait e do Plano de Ação para o Mediterrâneo (MAP) também abordam o lixo marinho e o lixo plástico, tal como a Diretiva-Quadro Estratégia Marinha da UE e o Plano de Ação de Jacarta (NEASQC 2019). Alguns tratados e acordos internacionais servem de enquadramento e fornecem orientações sobre as melhores práticas gerais para controlar a evolução do plástico em terra e a gestão do lixo plástico costeiro (Urfan et al., 2024).

## 7. Estratégias de mitigação química para microplásticos no habitat marinho

Os MPs, aqueles com tamanho variando de 0,1 iim a 5 mm, são recentemente a área de extensa pesquisa em todo o mundo devido aos seus níveis crescentes de poluição em ecossistemas aquáticos (rios, lagos e corpos d'água marinhos), qualidade do ar e contaminação do solo (Caputo et al., 2021). Os MPs compreendem várias fontes e sofrem várias fragmentações, como intemperismo químico, abrasão e degradação foto-catalítica, mecânica e biológica. Foram desenvolvidas várias estratégias para abordar este problema quimicamente. Estas estratégias incluem tecnologias de sorção que envolvem a utilização de carvão ativado, grafeno e biochar, por exemplo, bem como a degradação catalítica através da utilização de nanomateriais como o TiO2, óxidos à base de grafeno e estruturas metal-orgânicas. Além disso, foram utilizados vários aditivos químicos para aliviar, gerir, destruir ou excretar os MP em produtos de limpeza naturais e domésticos, cosméticos e protectores solares.

Polímeros como o PE, PP, OPS, PS, PET, PVC, PA, caoutchouc natural e caoutchouc sintético foram tratados com sucesso; algumas espécies poliméricas sofrem de lixiviação ou podem lixiviar compostos químicos perigosos, enquanto outras foram tratadas com êxito através de processos hidrolíticos, de granulação química, de hidrogelação química, de degradação química, de degradação foto-induzida ou de degradação fotocatalítica, utilizando produtos químicos ou nanomateriais como TiO2, MnO2, GrO3, AgO, CeO e ZnO (Pandey et al., 2022).

### *7.1. Tecnologias de sorção*

A sorção é a ligação de partículas sólidas a um líquido ou a um solvente gasoso. Trata-se de um fenómeno intermolecular que tem lugar na superfície de um material adsorvente. Os materiais adsorventes sólidos são utilizados para eliminar quaisquer contaminantes ou constituintes indesejáveis de uma substância líquida ao longo do processo de sorção. Apesar de vários mecanismos serem responsáveis pela sorção, a adsorção é considerada a mais adequada no contexto da remoção de MPs de ambientes aquáticos. O conceito de adsorção é particularmente atrativo devido à sua capacidade de remover seletivamente poluentes específicos. Atualmente, a adsorção é favorecida como uma tecnologia de ponta porque é simples de empregar, barata e robusta. Além disso, os materiais de sorção que incorporam tecnologias de adsorção têm sido utilizados para a remoção de MPs em alguns estudos; por outro lado, estas tecnologias representam uma das estratégias de mitigação química mais atractivas e mais amplamente utilizadas na remoção de MPs da água do mar. As tecnologias de adsorção estão a ser cada vez mais utilizadas para desenvolver tecnologias de remoção de MP, tanto à escala laboratorial como no terreno (Joo et al., 2021).

### *7.2. Degradação catalítica*

A reciclagem mecânica envolve a taxa de recuperação do plástico reciclado, dando excelentes resultados em termos de certas aplicações. Por outro lado, algumas reacções produzem oligómeros e monómeros. Os nanocatalisadores podem ser utilizados no processo de fotooxidação para aumentar a atividade de degradação da catálise, e os custos de tratamento são baixos. As reacções de epoxidação e de hidrólise são utilizadas para a decomposição do polietilenoglicol e dos seus derivados. Do mesmo modo, os silicatos, aluminossilicatos, alumina e argilas são utilizados para a estabilização e a degradação catalítica dos plásticos. Os catalisadores disponíveis no mercado utilizam geralmente zeólitos ou metais de transição (Jeswani et al., 2021).

### *7.3. Aditivos químicos*

Os produtos químicos que são adicionados aos polímeros, quer externamente quer definidos como sorventes, podem servir como aditivos para a atenuação química dos MP nos habitats marinhos. De facto, foram desenvolvidos vários trabalhos de investigação com base em investigações de aditivos para modificar as propriedades das MP. O objetivo é torná-lo mais suscetível de se depositar, mais atraente para os organismos que o ingerem ou degradar o próprio MP. Os aditivos podem contribuir de duas formas para atenuar a contaminação por MP, e estas estão relacionadas apenas com a utilização de tais produtos químicos. Ao alterar a carga superficial da MP, esta pode tornar-se mais atractiva para as moléculas absorvidas e aumentar o efeito de produtos químicos e sistemas compatíveis ou ecológicos. Podem também atuar como uma via de garantia para a degradação química de um impulso químico isolado em condições precisamente realizadas (Paul et al., 2023).

## 8. Tecnologias inovadoras para a remoção de MP

Devido ao crescente conhecimento e compreensão das ameaças dos MP, existem várias tecnologias emergentes para a remoção in situ dos MP, que podem ser de natureza passiva ou ativa. As tecnologias passivas são pequenas estruturas instaladas no ambiente urbano marinho para melhorar a qualidade da água, orientando o fluxo da corrente para aumentar a sedimentação e a remoção de sólidos em suspensão. Um exemplo de capacidade passiva de remoção de MP é um sistema que se concentra na recolha de MP na linha costeira, com o objetivo de reduzir o seu tamanho e trânsito através da praia. Um tipo ativo de sistema de remoção de MP é o "plastic digestersTM", que é um conceito inventivo de uma rede de microflutuadores e microcolectores de lixo concebidos para serem integrados numa rede de águas pluviais (como nas cidades) (Krishnan et al., 2023).

### *8.1. Tecnologias de remoção passiva*

As tecnologias de remoção passiva são os sistemas e métodos incorporados, in situ ou ex situ, na massa de água com o objetivo principal de promover e/ou aumentar a taxa de remoção de MP. Estas tecnologias não são implementadas para recolher e capturar MP diretamente, mas para tirar partido ou facilitar os processos naturais de degradação e transporte existentes. As tecnologias desta classe são as que aceleram a adsorção e a biofiltração nos sistemas existentes de partículas aquáticas e de química da água, incluindo as zonas húmidas e as zonas com vegetação, e as tecnologias que utilizam ou aceleram a sedimentação, como as ilhas flutuantes. Por último, as tecnologias que favorecem a decomposição de MP por processos naturais são classificadas como sistemas de sedimentos em áreas pouco profundas. Como tal, o principal objetivo das tecnologias de remoção passiva é remover MP de baixa densidade com pequenas velocidades de sedimentação. Assim, os sistemas operam independentemente das condições físicas de flutuabilidade e do comportamento típico das MP arrastadas e são operáveis em regiões onde se sabe que ocorrem assentamentos passivos (Krishnan et al., 2023).

A biofiltração é o processo pelo qual os organismos heterotróficos, autotróficos e decompositores são utilizados como parte de um sistema de filtração no qual decompõem e capturam contaminantes e partículas como alimento. Funciona de forma independente ou em conjunto com tratamentos superficiais do solo, como a bio-retenção, para remover contaminantes da água. Com uma conceção e consideração adequadas, os sistemas de zonas húmidas construídas ao longo de cursos de água artificiais e naturais tornaram-se aceites como uma das tecnologias mais benéficas e de baixo custo para a remoção de baixa energia de poluentes químicos e sólidos em suspensão da água há mais de duas décadas.

Os sistemas de fossas sépticas e a gestão das lamas fecais requerem sistemas de zonas húmidas como processo de pré-tratamento antes da descarga na superfície. Os sistemas de zonas húmidas podem também permitir uma evapotranspiração passiva lenta e uma infiltração superficial do revestimento de argila para permitir vias de degradação de lixiviados de resíduos urbanos que podem reduzir a carga poluente para as águas subterrâneas e superficiais. A adição de organismos macrófagos, selecionados, geridos e/ou existentes nos solos e na água das zonas húmidas, juntamente com plantas selecionadas, em zonas húmidas construídas com as chamadas ilhas de vegetação flutuante, expandiu-se de ensaios laboratoriais para aplicações no terreno para conseguir uma remoção significativamente melhorada de nanopartículas, micro-poluentes orgânicos e nutrientes (fosfato e nitrato), bem como de plásticos flutuantes dos sistemas de solo e água (Waly et al., 2022).

### *8.2. Tecnologias de remoção ativa*

A eliminação ou extração direta de MP depende de várias abordagens e técnicas activas. Os sistemas de filtragem são específicos, uma vez que permitem a captura de MP de pequenas dimensões e têm sido objeto de um tratamento especial. Existem também métodos inovadores para remover os MP, extraí-los ou ajudar nas operações de limpeza dos mares e oceanos (Carter et al., 2023).

As tecnologias de limpeza, especificamente no que diz respeito aos MP marinhos, foram propostas, formuladas ou desenvolvidas sob a forma de tecnologias conceptuais ou aplicadas, sistemas inovadores, dispositivos mecânicos e robóticos e protocolos para a remoção, salvamento, recuperação, extração, recuperação ou extração de MP principalmente flutuantes e suspensos. Por conseguinte, os sistemas podem ser instalados no componente do dispositivo de recuperação de plástico. Entretanto, projectos inovadores e comprovados em laboratório materializaram-se através da execução de projectos de prova de conceito (PoC), o que constitui efetivamente o primeiro passo para garantir o apoio financeiro a um projeto aplicado deste tipo. Estas tecnologias abrangem todos os principais tipos conhecidos de remoção ativa de plásticos. A recolha de plásticos, incluindo grandes volumes com lixo marinho, tem tecnologias de extração dedicadas, que são propensas a recolher MP devido à elevada concentração de MP no material recuperado (Silva, 2021).

Independentemente de a operação envolver água que navega ou está parada, a recolha de material é possível, uma vez que vários componentes do sistema dedicado estão localizados abaixo da linha de água. O robô autopropulsionado de Clelia et al. foi concebido para recolher MP nos oceanos, seguindo as correntes oceânicas e monitorizando-as para obter dados sobre o plástico. Além disso, foram realizados testes de protótipos simulando movimentos oceânicos num tanque de grande fluxo para descobrir poupanças de energia notáveis em operações de propulsão alternativa ou de recuperação autónoma. Os robots colectores autopropulsores são úteis para monitorizar a remoção do plástico. No entanto, a monitorização indireta dos plásticos é feita por embarcações frágeis que recolhem dados que entram no corpo do rio insular ou continental através de testes de laboratório.

## 9. Iniciativas de sensibilização e educação do público

Os esforços até à data para abordar as preocupações do público e da indústria sobre a poluição MP através da sensibilização e educação do público foram realizados como 'add-ons' para a investigação MP e projectos de monitorização. Estes incluíram o desenvolvimento de programas de divulgação (por exemplo, o projeto The Three R's na iniciativa Albany MMSA e 'Plastic Bag Free Bunbury'), actividades educativas sobre lixo marinho integradas em inquéritos nacionais de monitorização de plástico marinho e MP, e mensagens educativas incluídas em eventos comunitários apropriados. Investimento em dinheiro, tempo de pessoal e recursos para incluir estratégias de comunicação específicas e educação comunitária em relatórios baseados na indústria sobre as implicações socioeconómicas da poluição plástica (Silva, 2021).

Várias iniciativas de sensibilização e educação do público relacionadas com o lixo marinho foram também implementadas nas quatro áreas de investigação da MBNMS. Na área de Anacapa, o Programa de Redução de Detritos Marinhos e Plásticos analisou dados de limpeza de praias que foram utilizados para criar uma aula de uma hora e uma atividade prática para assembleias escolares sobre os efeitos dos detritos marinhos no oceano. Além disso, foram realizadas limpezas de praia na East Anacapa Island, que incluíram passeios pela ilha e vistas da vida marinha durante os intervalos da limpeza. O Farewell to Plastic Caravan é um festival de cinema, arte e música em Santa Barbara, Califórnia, que apresentou a arte e a música do criador da caravana.

Este evento apresentou um novo filme que documentou a sua viagem completamente livre de plásticos de utilização única e respondeu a perguntas das mais de 200 pessoas presentes. O festival também incluiu stands de informação, organizações ambientais, artigos sem plástico, uma discussão aberta sobre a utilização de plástico no café local e música. A divulgação é um elemento-chave dos programas de investigação, uma vez que envolvem um vasto leque da comunidade e das partes interessadas para aumentar a sensibilização para a poluição por MP no oceano e nos sistemas de águas subterrâneas. As actividades de divulgação garantem que a comunidade em geral está bem informada e discutem os objectivos da investigação, metodologias, resultados e as implicações dos resultados da investigação em várias questões ambientais (Baxter et al., 2022).

## 10. Estudos de casos

Nesta secção, são apresentados dois estudos de caso sobre a atenuação in situ para revestimentos marinhos, ECONEPT e EELICOAT. Os estudos de caso examinam os sucessos e os desafios da aplicação de diferentes revestimentos a embarcações marítimas para reduzir a libertação de MPs e, por sua vez, estabelecer potenciais oportunidades de atenuação. Após 2 anos de serviço e uma investigação de acompanhamento, os autores fornecem uma análise abrangente dos revestimentos e os próximos passos para os revestimentos no mar (Zhao et al., 2024).

O projeto EELICOAT é uma colaboração conjunta entre a Fundação Sueca para a Investigação Estratégica (SSF) e parceiros industriais (Chalmers e Stena Line). O objetivo do EELICOAT é desenvolver um novo material para prevenir a formação de biofilme e a subsequente lixiviação de MPs. Estas MP são formadas devido à fricção entre os revestimentos dos navios e a água circundante, criando uma fonte invisível de pequenas partículas de plástico que são amplamente consideradas perigosas para a saúde ambiental. Este documento compara o MP acumulado em duas arcas de mar Yara Birkeland. A caixa de mar EELICOAT apresenta menos MP do que a caixa de mar de controlo Birkeland, mas estudos posteriores mostraram que o jato de água do mar na caixa de mar de controlo era 6 °C mais frio do que a condição operacional. Os dados de controlo mostram que esta arca de mar colocada permaneceu no mesmo estado que em 2019, com microalgas e cracas agarradas. As arcas alfa permaneceram as mesmas neste ensaio, recuperando a 0,7 m/s, e a temperatura não afectou a quantidade de MP. A empresa investiga esta questão em pormenor numa configuração de teste de MP especialmente concebida para o mar, numa arca de mar na Suécia (Zhao et al., 2024).

## 11. Desafios para a atenuação das PM

Um dos principais problemas económicos e sociais enfrentados pela mitigação da MP, incluindo a implementação de projectos técnicos e a exploração comercial, é a dependência da gestão e da direção de instituições públicas com objectivos e políticas de gestão a longo prazo. As disputas administrativas em curso e não resolvidas sobre os direitos de realizar testes no terreno, estabelecer protocolos de amostragem científica adequados e capturar peixe e marisco estão a demorar demasiado tempo e têm consumido uma percentagem substancial do tempo e dos esforços das partes interessadas (Zhao et al., 2024).

No OysterGro, uma equipa de investigadores com competências em engenharia tentou implementar um estudo-piloto relatado na literatura, com vários problemas e lições aprendidas, centrando-se particularmente na necessária monitorização das implicações ambientais, na definição de um local de investigação adequado e no risco de contaminação. Num dos projectos, foram indicados alguns problemas químicos decorrentes da libertação de cada nano e pequena partícula de plástico testada, incluindo a alteração dos níveis de metilação celular dos bivalves. Os aspectos socioeconómicos também foram considerados e descritos, nomeadamente os números da produção e os valores económicos dos aquicultores de mexilhões na região piloto. No entanto, estes impactos foram simplesmente discutidos com as partes interessadas da OysterGro e não foram avaliados como co-benefícios e co-custos. Outra proposta de estudo incluía uma análise exaustiva dos custos e benefícios, mas apenas para a remoção das MP da costa, devido à falta de dados científicos fiáveis sobre a remoção das MP. Os custos económicos no estudo Blue Shell descreviam os procedimentos legais para obter licenças para testar o protótipo à escala real no terreno. Nenhum outro estudo considerou aspectos económicos (Agboola e Benson, 2021).

**REFERÊNCIAS**


Agboola, O. D., Benson, N. U., 2021. Mecanismos de fisissorção e quimissorção que influenciam as interações entre micro (nano) plásticos e contaminantes químicos orgânicos: uma revisão. Front. Environ. Sci. 9, 678574.

Baxter, L., Lucas, Z., Walker, T. R., 2022. Avaliação das políticas de mitigação de plástico de uso único do Canadá por meio de auditoria de marca e dados de limpeza de praia para reduzir a poluição por plástico. Mar. Pollut. Bull. 176, 113460.

Belioka, M. P., Achilias, D. S., 2023. Poluição e monitorização de microplásticos na água do mar e em ambientes portuários: Uma meta-análise e revisão. Sustentabilidade, 15(11), 9079.

Benson, N. U., Agboola, O. D., Fred-Ahmadu, O. H., De-la-Torre, G. E., Oluwalana, A., Williams, A. B., 2022. Prevalência de micro (nano) plásticos, interações na rede alimentar e avaliação da toxicidade em organismos aquáticos: uma revisão. Front. Mar. Sci. 9, 851281.

Borriello, L., Scivicco, M., Cacciola, N. A., Esposito, F., Severino, L., Cirillo, T., 2023. Microplásticos, um problema global: Exposição humana através de fontes ambientais e dietéticas. Foods, 12(18), 3396.

Brander, S. M., Renick, V. C., Foley, M. M., Steele, C., Woo, M., Lusher, A., Rochman, C. M., 2020. Amostragem e garantia de qualidade e controlo de qualidade: um guia para cientistas que investigam a ocorrência de microplásticos em matrizes. Appl. Spectrosc. 74(9), 1099-1125.

Caputo, F., Vogel, R., Savage, J., Vella, G., Law, A., Della Camera, G., Hannon, G., Peacock, B., Mehn, D., Ponti, J., Geiss, O., 2021. Medindo a distribuição do tamanho das partículas e a concentração de massa de nanoplásticos e microplásticos: abordando alguns desafios analíticos na faixa de tamanho submicrônico. J. Colloid Interface Sci. 588, 401-417.

Carlsson, P., Singdahl-Larsen, C., Lusher, A. L., 2021. Compreender a ocorrência e o destino dos microplásticos nos ecossistemas costeiros do Ártico: O caso das águas superficiais, dos sedimentos e da morsa (*Odobenus rosmarus*). Sci. Total Environ. 792, 148308.

Carter, J., Horan, T., Miller, J., Madejski, G., Butler, E., Amato, C., Roussie, J., 2023. Avaliação comparativa das propriedades de filtração e imagem de filtros analíticos para captura e análise de microplásticos. Chemosphere, 332, 138811.

Chen, Z., Elektorowicz, M., An, C., Tian, X., 2024. Encapsulamento sazonal do gelo: a influência fundamental no transporte e destino de microplásticos em regiões frias. Environ

Sci.Wat Res.Technol. doi:10.1039/D4EW00339J.
Dierkes, G., Lauschke, T., Foldi, C., 2021. Métodos analíticos para a determinação de plástico (microplástico) em amostras ambientais. Em Plastics in the Aquatic Environment-Part I: Current Status and Challenges (pp. 43-67). Cham: Springer International Publishing.
Gago, J., Booth, A. M., Tiller, R., Maes, T., Larreta, J., 2022. Poluição e regulamentação de microplásticos. Em Handbook of Microplastics in the Environment (Manual de Microplásticos no Ambiente) (pp. 1071-1096). Cham: Springer International Publishing.
Gola, D., Tyagi, P. K., Arya, A., Chauhan, N., Agarwal, M., Singh, S. K., Gola, S., 2021. O impacto dos microplásticos no ambiente marinho: A review. Environ. Nanotechnol. Monit. Manag. 16, 100552.
Gomez, V., 2021. Caracterização e abundância de macroplásticos e microplásticos em matrizes bióticas e abióticas na Baía de Concepción, Chile.
Jeswani, H., Kruger, C., Russ, M., Horlacher, M., Antony, F., Hann, S., Azapagic, A., 2021. Impactos ambientais do ciclo de vida da reciclagem química via pirólise de resíduos plásticos mistos em comparação com a reciclagem mecânica e a recuperação de energia. Sci Total Environ. 769, 144483.
Joo, S.H., Liang, Y., Kim, M., Byun, J., Choi, H., 2021. Microplásticos com contaminantes adsorvidos: Mecanismos e tratamento. Environ. Challenges, 3, 100042.
Kendel, A., Zimmermann, B., 2020. Análise química de pólen por espectroscopias FT-Raman e FTIR. Front. Plant Sci.11, 352.
Kida, M., Ziembowicz, S., Koszelnik, P., 2023. Decomposição de microplásticos: emissão de substâncias nocivas e gases com efeito de estufa no ambiente. J. Environ. Chem. Eng. 11(1), 109047.
Krishnan, R. Y., Manikandan, S., Subbaiya, R., Karmegam, N., Kim, W., Govarthanan, M., 2023. Abordagens recentes e tecnologias avançadas de tratamento de águas residuais para mitigar a contaminação emergente por microplásticos - uma revisão crítica. Sci. Total Environ. 858, 159681.
Kumar, R., Sharma, P., Verma, A., Jha, P. K., Singh, P., Gupta, P. K., Prasad, P. V., 2021. Effect of physical characteristics and hydrodynamic conditions on transport and deposition of microplastics in riverine ecosystem (Efeito das caraterísticas físicas e das condições hidrodinâmicas no transporte e deposição de microplásticos no ecossistema ribeirinho). Água, 13(19), 2710.
Lehel, J., Murphy, S., 2021. Microplásticos na cadeia alimentar: segurança alimentar e aspectos ambientais. Rev Environ Contam Toxicol. 259, 1-49.
Li, L., Zuo, J., Duan, X., Wang, S., Hu, K., Chang, R., 2021. Impactos e medidas de mitigação dos resíduos plásticos: Uma revisão crítica. Environ. Impact Assess. Rev. 90, 106642.
Li, Y., Zhang, H., Tang, C., 2020. Uma revisão das possíveis vias de transporte de microplásticos marinhos no oceano. Anthropocene Coasts, 3(1), 6-13.
Omoyajowo, K., Raimi, M., Waleola, T., Odipe, O., Ogunyebi, A., 2022. Consciência pública, conhecimento, atitude e perceção sobre a poluição por microplásticos em torno da lagoa de Lagos. Ecological Saf. Balan. Use Resour. 2(24), 35-46.
Pandey, B., Pathak, J., Singh, P., Kumar, R., Kumar, A., Kaushik, S., Thakur, T.K., 2022. Microplásticos no ecossistema: uma visão geral da deteção, remoção, avaliação da toxicidade e libertação de controlo. Água, 15(1), p.51.

Paul, S., Sen, B., Das, S., Abbas, S.J., Pradhan, S.N., Sen, K., Ali, S.I., 2023. A encarnação dos bioplásticos: recuperação da poluição plástica. J. Environ. Anal. Chem. 103(19), 82178240.
Persiani, E., Cecchettini, A., Ceccherini, E., Gisone, I., Morales, M. A., Vozzi, F., 2023. Microplásticos: uma questão de coração (e de sistema vascular). Biomedicinas, 11(2), 264.
Pete, A. J., Brahana, P. J., Bello, M., Benton, M. G., Bharti, B., 2022. A formação de biofilme influencia a molhabilidade e a sedimentação de microplásticos. Environ. Sci. Technol. Lett. 10(2), 159-164.
Razeghi, N., Hamidian, A. H., Wu, C., Zhang, Y., Yang, M., 2021. Técnicas de amostragem de microplásticos em águas doces e sedimentos: uma revisão. Environ. Chem. Lett. 19(6), 42254252.
Rynek, R., Tekman, M. B., Rummel, C., Bergmann, M., Wagner, S., Jahnke, A., Reemtsma, T., 2024. Hotspots de partículas de plástico flutuantes no Oceano Pacífico Norte. Environ. Sci. Tech. 58(9), 4302-4313.
Shi, H., Frias, J., Sayed, A. E. D. H., De-la-Torre, G. E., Choo, J. M., Uddin, S. A., ... Su, L., 2023. Pequenos fragmentos de plástico: Uma ponte entre os grandes detritos de plástico e os micro e nanoplásticos. Trends Anal. Chem. 117308.
Silva, A. L. P., 2021. Novas fronteiras na remediação de (micro) plásticos. Curr. Opin. Green Sustain. Chem. 28, 100443.
Talukdar, A., Kundu, P., Bhattacharya, S., Dutta, N., 2024. Contaminação por microplásticos em águas residuais: Fontes, distribuição, deteção e remediação através de métodos físicos e químico-biológicos. Sci. Total Environ. 170254.
Tang, Y., Liu, Y., Chen, Y., Zhang, W., Zhao, J., He, S., Yang, Z., 2021. Uma revisão: Progresso da pesquisa sobre poluentes microplásticos em ambientes aquáticos. Sci. Total Environ. 766, 142572.
Urfan, Y., Akkoy, S., Avsar, E., 2024. Avaliação das actividades de gestão de resíduos no âmbito da gestão ambiental sustentável em Tatvan Van Lake Ferry directorate Turkiye. Braz. J. Sci. 3(9), 95-105.
Waly, M. M., Ahmed, T., Abunada, Z., Mickovski, S. B., Thomson, C., 2022. Zona húmida construída para tratamento sustentável e de baixo custo de águas residuais. Land, 11(9), 1388.
Wang, Y., Huang, J., Zhu, F., Zhou, S., 2021. Microplásticos transportados pelo ar: uma revisão sobre a ocorrência, migração e riscos para os seres humanos. Boletim de Environ. Cont. Toxicol. 107(4), 657-664.
Yuan, Z., Nag, R., Cummins, E., 2022. Preocupações com a saúde humana em relação aos microplásticos no ambiente aquático - dos sistemas marinhos aos alimentares. Sci. Total Environ. 823, 153730.
Zhao, B., Richardson, R. E., You, F., 2024. Monitorização de microplásticos em sistemas de água doce: Uma revisão dos esforços globais, lacunas de conhecimento e prioridades de pesquisa. J. Hazard. Mater. 135329.

MIX
Papier aus verantwortungsvollen Quellen
Paper from responsible sources
FSC® C105338

Printed by Books on Demand GmbH, Norderstedt / Germany